"十四五"职业教育国家规划教材
（中等职业学校公共基础课程教材）

U0734535

Information Technology

信息技术

拓展模块

计算机与移动终端维护 +
小型网络系统搭建 + 信息安全保护

武马群 葛睿 李森　主编

人民邮电出版社
北京

图书在版编目（CIP）数据

信息技术：拓展模块. 计算机与移动终端维护+小型
网络系统搭建+信息安全保护 / 武马群，葛睿，李森主编
. -- 北京 : 人民邮电出版社，2022.8（2023.7重印）
中等职业学校公共基础课程教材
ISBN 978-7-115-58552-3

Ⅰ. ①信… Ⅱ. ①武… ②葛… ③李… Ⅲ. ①电子计
算机－中等专业学校－教材 Ⅳ. ①TP3

中国版本图书馆CIP数据核字(2022)第015658号

内 容 提 要

本书根据教育部颁布的《中等职业学校信息技术课程标准（2020 年版）》进行编写。本书讲解信息技术的拓展知识，包括 3 个模块：模块一为计算机与移动终端维护，主要讲解组装与维护计算机及移动终端的方法；模块二为小型网络系统搭建，主要讲解计算机网络的配置，物联网模块的搭建，以及云文件共享服务、OA 系统的配置等；模块三为信息安全保护，主要讲解信息系统安全风险评估及设计信息系统安全防护方案的方法。

本书适合作为中等职业学校信息技术课程的教材，也可供职场中需要学习计算机与移动终端维护、小型网络系统搭建和信息安全保护的人员参考。

◆ 主　　编　武马群　葛　睿　李　森
责任编辑　初美呈
责任印制　王　郁　焦志炜
◆ 人民邮电出版社出版发行　　北京市丰台区成寿寺路 11 号
邮编　100164　电子邮件　315@ptpress.com.cn
网址　https://www.ptpress.com.cn
临西县阅读时光印刷有限公司印刷
◆ 开本：889×1194　1/16
印张：7.5　　　　　　　　2022 年 8 月第 1 版
字数：158 千字　　　　　　2023 年 7 月河北第 2 次印刷

定价：18.80 元

读者服务热线：(010)81055256　印装质量热线：(010)81055316
反盗版热线：(010)81055315
广告经营许可证：京东市监广登字 20170147 号

出版说明

为贯彻党的二十大精神，落实《中华人民共和国职业教育法》规定，深化职业教育"三教"改革，全面提高技术技能型人才培养质量，按照《职业院校教材管理办法》《中等职业学校公共基础课程方案》和有关课程标准的要求，在国家教材委员会的统筹领导下，根据教育部职业教育与成人教育司安排，教育部职业教育发展中心组织有关出版单位完成对数学、英语、信息技术、体育与健康、艺术、物理、化学7门公共基础课程国家规划新教材修订工作，修订教材经专家委员会审核通过，统一标注"十四五"职业教育国家规划教材（中等职业学校公共基础课程教材）。

修订教材根据教育部发布的中等职业学校公共基础课程标准和国家新要求编写，全面落实立德树人根本任务，突显职业教育类型特征，遵循技术技能人才成长规律和学生身心发展规律，聚焦核心素养、注重德技并修，在教材结构、教材内容、教学方法、呈现形式、配套资源等方面进行了有益探索，旨在推动中等职业教育向就业和升学并重转变，打牢中等职业学校学生的科学文化基础，提升学生的综合素质和终身学习能力，提高技术技能人才培养质量，巩固中等职业教育在职业教育体系中的基础地位。

各地要指导区域内中等职业学校开齐开足开好公共基础课程，认真贯彻实施《职业院校教材管理办法》，确保选用本次审核通过的国家规划修订教材。如使用过程中发现问题请及时反馈给出版单位，以推动编写、出版单位精益求精，不断提高教材质量。

中等职业学校公共基础课程教材建设专家委员会

2023 年 6 月

前 言

PREFACE

习近平总书记指出，数字技术正以新理念、新业态、新模式全面融入人类经济、政治、文化、社会、生态文明建设各领域和全过程，给人类生产生活带来广泛而深刻的影响。当前，我国社会正在加速向网络化、平台化、智能化方向发展，驱动云计算、大数据、人工智能、5G、区块链、工业互联网、量子计算等新一代信息技术迭代创新、群体突破，加快数字产业化步伐。党的二十大报告指出：教育、科技、人才是全面建设社会主义现代化国家的基础性、战略性支撑。必须坚持科技是第一生产力、人才是第一资源、创新是第一动力，深入实施科教兴国战略、人才强国战略、创新驱动发展战略，开辟发展新领域新赛道，不断塑造发展新动能新优势。在党的领导下，我们实现了第一个百年奋斗目标，全面建成了小康社会，正在向着第二个百年奋斗目标迈进。我国主动顺应信息革命时代浪潮，以信息化培育新动能，用数字新动能推动新发展，数字技术不断创造新的可能。生活在信息化、数字化时代的人们必须具有较好的信息素养，在学习、生活和生产中遇到问题时，能主动获取、分析、判断信息，用结构化思维分析问题，善用工具和信息资源制定行动方案，用积极的态度、负责的行动去解决问题。

中等职业学校信息技术课程是一门旨在帮助学生掌握信息技术基础知识与技能、增强信息意识、发展计算思维、提高数字化学习与创新能力、树立正确的信息社会价值观和责任感的必修公共基础课程。课程任务是全面贯彻党的教育方针，落实立德树人根本任务，满足国家信息化发展战略对人才培养的要求，围绕中等职业学校信息技术学科核心素养，吸纳相关领域的前沿成果，引导学生通过信息技术知识与技能的学习和应用实践，增强信息意识，掌握信息化环境中生产、生活与学习技能，提高参与信息社会的责任感与行为能力，为就业和未来发展奠定基础，成为德智体美劳全面发展的高素质劳动者和技术技能人才。通过信息技术课程的学习，学生能够成为具备信息素养的高素质技术技能人才，适应未来信息化社会的生活和职业发展的需要。

本套教材依据《中等职业学校信息技术课程标准（2020 年版）》要求编写，适合中等职业学校信息技术课程教学使用。本套教材由基础模块和拓展模块两部分构成。拓展模块分为 5 册，根据不同专业的需要，可以将不同拓展模块分册进行自由组合，或与信息技术基础模块教材进行组合教学，从而打造出符合不同地域、学校、专业特色的信息技术课程教材，具体教学内容和推荐授课学时安排如下：

分册	教学内容	建议学时	分册学时
一	计算机与移动终端维护	14	36
	小型网络系统搭建	14	
	信息安全保护	8	
二	实用图册制作	18	54
	数据报表编制	18	
	演示文稿制作	18	
三	三维数字模型绘制	18	36
	数字媒体创意	18	
四	个人网店开设	16	16
五	机器人操作	8	8

前 言
PREFACE

　　本套书落实立德树人根本任务，引导学生了解国家信息化发展成果，树立社会责任感，弘扬工匠精神，培养学生的信息素养。本套书每一个模块都以"情境描述—技能目标—环境要求—任务实践"开始，引导学生学习；然后以"任务讲解＋实操训练"的方式介绍每一个任务的具体操作；最后再以"课后思考"和"拓展训练"做巩固练习，从而适应任务驱动的"教学做一体化"课堂教学组织要求。本套书具体教学与学习方法如图所示。

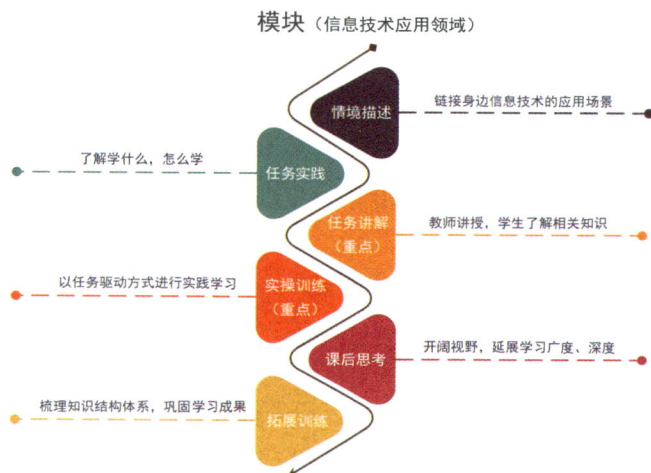

模块（信息技术应用领域）

情境描述　链接身边信息技术的应用场景

了解学什么，怎么学　任务实践

任务讲解（重点）　教师讲授，学生了解相关知识

以任务驱动方式进行实践学习　实操训练（重点）

课后思考　开阔视野，延展学习广度、深度

梳理知识结构体系，巩固学习成果　拓展训练

　　本书在讲解过程中穿插有"提示""小组交流""课堂笔记"等小栏目，增强学生之间的交流，加深对知识的记忆，提高自主学习能力。此外，本书提供素材、教学案例、习题答案、模拟试卷等丰富的教学资源，有需要的读者可自行通过人邮教育社区（http://www.ryjiaoyu.com）网站免费下载，并根据自身情况适当延伸教材内容，以开阔视野、强化职业技能。读者登录人邮学院网站（www.rymooc.com），即可在线观看全书慕课视频。

　　本套书编写团队包括计算机学科领域的教育专家、行业专家，教学经验丰富的一线教育工作者和青年骨干教师，具体编写分工如下：武马群编写了分册二并对全部拓展模块的图书进行了统稿，葛睿编写了分册三、四、五，李森编写了分册一，钟毅、李强、赵玲玲对教学素材和案例进行了审核和整理，侯方奎、李小华、赵丽英进行了课程思政元素设计，陈统为案例和新技术、行业规范提供了素材和相关资料。

　　由于编者水平有限，本书不足之处，敬请读者指正。（联系人：初美呈，电话：010-81055238，邮箱：chumeicheng@ptpress.com.cn）

编　者
2023 年 3 月

目 录

CONTENTS

模块一
计算机与移动终端维护

01

💬 情境描述

　　为了提高学生的信息技术水平，某学校准备为今年新入学的学生设置一个信息技术教室。该教室需要配置 50 台计算机，每台计算机均需要安装 Windows 10 操作系统、办公软件，以及常用工具软件。此外，为提高教学质量和效率，持续推进教育领域的数字化改革，学生使用的每台计算机还需要具备网络访问和打印等功能，从而方便学生更好地学习信息技术知识和使用计算机，切实提高学生的信息素养水平。

　　另外，信息技术教室还需要配置一台供教师使用，并且能够连接到互联网的办公计算机，使任课教师能够通过这台计算机访问、使用教学活动中所需的资料。

🚀 技能目标

　　◎ 能根据企业或组织的业务需求配置和组装计算机、移动终端和常用外围设备。

　　◎ 具备运用信息技术工具的能力，合理利用学习资源。学会安装支持系统运行和业务所需的各类软件，并能完成系统设置、网络接入和系统测试。

　　◎ 能完成计算机、移动终端与常用外围设备间的连接和信息传输。

　　◎ 能够处理计算机、移动终端等信息技术设备的常见故障，具备一定的计算机故障检测和排除能力。

⚙️ 环境要求

　　◎ 防静电工作台：防静电桌垫、防静电腕带和接地装置。

　　◎ 组装计算机所需的相关部件和资料：电源、机箱、显示器、显卡、硬盘、键盘、鼠标、主板、CPU、内存、U 盘和相关说明书等。

　　◎ 组装计算机所需的工具、操作系统的安装程序和各类软件安装程序：螺丝刀（一套）、镊子、尖嘴钳、万用表、尼龙扎带、Windows 10 操作系统的安装程序、各类办公软件和工具软件的安装程序等。

◎ 使计算机连接网络的工具、部件和资料：网线、调制解调器、路由器和相关说明书等。

◎ 计算机与移动终端的连接工具：各类智能设备的数据线、智能软件（手机助手、iTunes 等）。

任务实践

模块名称：计算机与移动终端维护		所需学时：		14	学时

任务列表		难度			计划学时
		低	中	高	
任务 1	配置计算机主机、外围设备和移动终端			√	2
任务 2	组装计算机		√		3
任务 3	安装、测试操作系统和安装应用软件	√			1
任务 4	将信息技术设备接入互联网	√			1
任务 5	在智能移动设备和计算机间进行信息互传	√			1
任务 6	优化、备份和还原计算机的操作系统		√		2
任务 7	维护计算机和排除计算机的常见故障			√	2
任务 8	恢复计算机中被误删除的信息			√	2

任务准备

知识准备	1. 了解计算机、移动终端和外围设备的相关知识 2. 能够区分计算机、移动终端和外围设备的各部件，并熟悉其安装位置 3. 掌握操作系统的安装、测试方法和应用软件的安装方法 4. 能够将计算机接入互联网 5. 掌握手机和计算机的连接方法，并在二者之间进行信息互传 6. 优化、备份和还原计算机的操作系统 7. 掌握对计算机的软硬件进行简单故障排除的方法 8. 掌握恢复计算机中被误删除的信息的方法
注意事项	1. 安全用电，不得在机房内充电 2. 爱护公物，若发现公物损坏或丢失，需照价赔偿 3. 保持安静，不得大声喧哗，不得打闹，不得影响他人 4. 严格遵守设备操作规程，不得随意拆卸设备部件，不得擅自更改设备的设置和私设密码 5. 严禁私自安装、卸载、更改计算机程序 6. 按时完成任务，并提交任务报告，每个学生一份 7. 任务完成后，需关闭计算机电源并打扫卫生，方可离室

任务 **1** 配置计算机主机、外围设备和移动终端

计算机是人们学习和工作中最常用的信息技术设备之一，完整的计算机系统包括计算机主机、外围设备和移动终端等。其中，计算机主机主要包括中央处理器（Central Processing Unit，CPU）、主板、内存等用于计算和控制的设备；外围设备包括鼠标、键盘、显示器、硬盘、音箱、打印机等主要用于输入、输出、外部存储信息的设备，以及扩展计算机功能的各种设备；移动终端则是可以在非固定地点使用的可移动计算机设备，如 U 盘、移动硬盘，以及手机、平板电脑等智能设备。表 1-1 整理了包括计算机主机、外围设备、移动终端等在内的常见计算机设备。

小组交流
（1）小组成员分别罗列出自己了解的计算机硬件。
（2）结合本模块前面的情境描述，讨论哪些硬件和外围设备需要选配。

表1-1　常见的计算机设备

设备	说明
主板	主板是计算机的核心硬件，可以为计算机的所有硬件提供插槽和接口
CPU	CPU 是计算机的数据处理中心和最高执行单位，与主板一起协调其他硬件的工作
内存	内存是计算机用来临时存放数据的地方，也是 CPU 处理数据的中转站
显卡	显卡能够将计算机中的数字信号转换成显示器能够识别的信号，并对其进行处理和输出
硬盘	硬盘是计算机中容量最大的存储设备，通常用于存放永久性的数据和程序，是安装操作系统的主要外围设备
电源	电源能够为计算机的各个基本硬件提供电力，以确保计算机正常运行
机箱	机箱是安装和放置计算机硬件的场所
显示器	显示器是计算机的主要输出设备，它可以将显卡输出的信号以人们肉眼可见的形式表现出来
鼠标	鼠标是计算机的主要输入设备之一
键盘	键盘是计算机的主要输入设备之一，也是用户和计算机进行交流的工具
声卡	声卡用于处理声音的数字信号，并可以将信号输出到音箱或其他的声音输出设备
网卡	网卡即网络适配器，其功能是连接计算机和网络
U 盘	U 盘是一种高容量移动存储设备，即插即用

续表

设备	说明
音箱	音箱用于连接声卡，并将声卡传输的信号输出为人们可以听到的各种声音
摄像头	摄像头能够为计算机提供实时的视频图像，实现视频信息交流
路由器	路由器是实现互联网和计算机、移动终端相连接的外围设备
影印一体机	影印一体机是较常用的一种外围设备，具备复印、扫描、传真等功能

资源链接　　打开配套资源中的"高清大图"文件夹，可以查看表 1-1 中对应的计算机硬件和外围设备的高清大图，从而进一步认识计算机的基本硬件和外围设备。　　**高清大图**

了解相关硬件功能后，可以根据需要按以下步骤中介绍的方法来选购各硬件。

步骤 1　选购主板。主板是计算机最重要的一块电路板，其外观如图 1-1 所示。选购主板先要看主板的类型，通常有 ATX、M-ATX、E-ATX 和 Mini-ITX 几种。主板中重要的部分包括 BIOS 芯片、芯片组、CMOS 电池、集成声卡芯片和集成网卡芯片等。选购主板时要关注品牌、结构和型号等，另外还要注意主板支持的 CPU 和内存的规格，以及是否具备各种必需的扩展插槽和足够的对外接口。最后，需要根据具体的用户需求对应的主板性能，尽量选择主流品牌中市场认可度较高的型号。

步骤 2　选购 CPU。CPU 在计算机系统中就像人的大脑，是整个计算机系统的指挥中心，图 1-2 所示为 CPU 的正反面外观。选购 CPU 首先看其生产厂商和频率；然后看 CPU 的内核和缓存，内核的主要参数包括核心数量、线程数、核心代号和热设计功耗 4 个；最后根据主板上的 CPU 插槽类型来选择对应的 CPU。

图 1-1　主板外观　　　　　　　　　　　图 1-2　CPU 的正反面外观

步骤 3　选购内存。内存主要由芯片、散热片、金手指、卡槽和缺口等部分组成，图 1-3 所示为 DDR4 内存（第四代内存）。选购内存时需要对比内存的类型、容量和频率这

3 个重要参数，另外还要关注工作电压、CL（CAS Latency）值和散热片的散热情况等。

步骤 4　选购硬盘。硬盘分为机械硬盘和固态硬盘两种。选购机械硬盘主要看容量、接口类型和缓存这 3 个主要参数；选购固态硬盘除了看容量外，还要看其接口类型，目前主要有 SATA 3.0/2.0、M.2、Type-C、U.2、USB 3.1/3.0、PCI-E、SAS 和 PATA 等多种类型的固态硬盘接口可供选择。与机械硬盘相比，固态硬盘的读写速度更快且功耗更低，轻便且防震抗摔，因此固态硬盘通常用作计算机的系统盘。主流的 M.2 接口固态硬盘如图 1-4 所示。

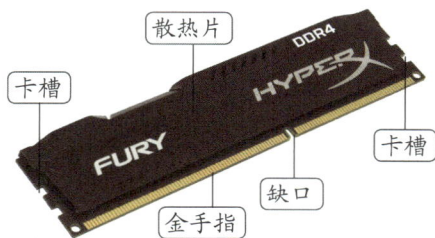

图 1-3　DDR4 内存　　　　　　　　图 1-4　主流的 M.2 接口固态硬盘

步骤 5　选购显卡。显卡主要由显示芯片、显存、金手指、DVI 接口、HDMI 接口、DP 接口等部分组成，如图 1-5 所示。显卡的性能通常由显示芯片的制作工艺、核心频率，显存的频率、容量、位宽、速度、最大分辨率和类型，散热方式，以及多图形处理器（Graphics Processing Unit，GPU）技术和流处理器等因素决定。

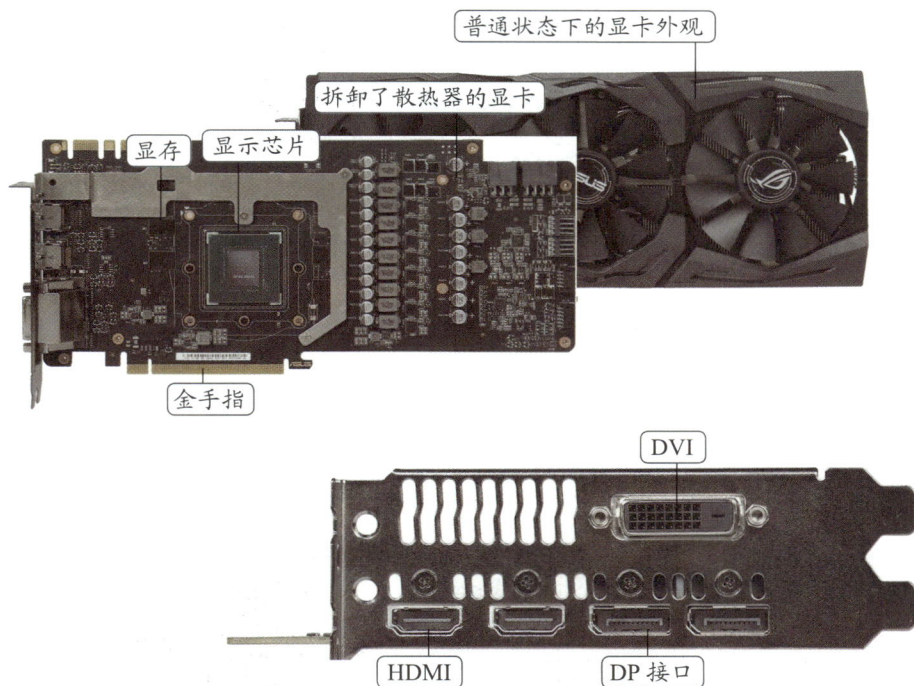

图 1-5　显卡的外观

步骤 6　选购显示器。市面上的液晶显示器（Liquid Crystal Display，LCD）又分为发光二极管（Light Emitting Diode，LED）显示器和曲面显示器两种类型，如图 1-6 所示。选购时需要注意屏幕尺寸、屏幕比例、面板类型、对比度、亮度、可视角度和刷新率等参数，另外还需要注意显示器上的显示接口应该和显卡或主板上的显示接口至少有一个相同。

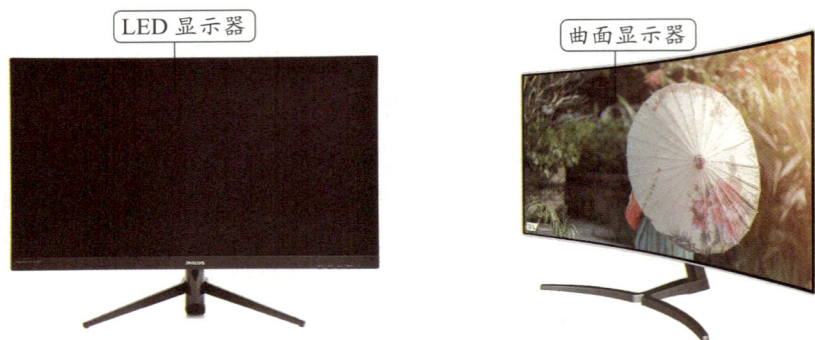

图 1-6　显示器的外观

步骤 7　选购机箱。机箱一般为矩形框架结构，主要用于为主板、各种输入卡或输出卡、硬盘驱动器、光盘驱动器、电源等部件提供安装支架，如图 1-7 所示。机箱的样式主要有立式、卧式和立卧两用式 3 种，结构类型有 ATX、MATX、ITX 和 RTX 4 种。选购机箱时需注意其结构类型、做工和用料。

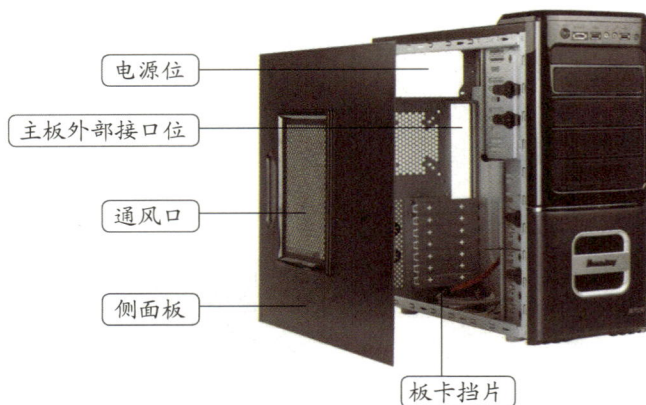

图 1-7　机箱的外观

步骤 8　选购电源。电源的外观如图 1-8 所示。电源的优劣不仅直接影响计算机的工作稳定程度，还与计算机使用寿命息息相关。选购电源时要考虑其风扇大小、额定功率和出线类型等基本参数，也要考虑产品安全认证、电磁兼容认证、环保认证、能源认证等各方面安规认证。

图 1-8　电源的外观

步骤 9　选购鼠标。 选购鼠标时需要注意其大小、适用类型、工作方式、连接方式、接口类型、最高分辨率、分辨率是否可调和微动开关的使用寿命等参数。主流的鼠标品牌有双飞燕、雷柏、海盗船、达尔优、富勒、新贵、雷蛇、罗技、明基、微软和华硕等。

步骤 10　选购键盘。 选购键盘时需要注意其产品定位、连接方式、接口类型、按键数、按键寿命、按键行程和按键技术等参数。主流的键盘品牌有双飞燕、雷柏、海盗船、罗技、樱桃、微软、联想等。

步骤 11　选购声卡。 声卡通常分为集成声卡、PCI声卡和外置声卡 3 种。图 1-9 所示为 PCI 声卡。选购声卡时通常需要注意声道系统所支持的声道数，另外还可以按照自己的需要选择外置声卡或内置声卡。

图 1-9　PCI 声卡

步骤 12　选购网卡。 网卡通常分为有线网卡和无线网卡两种，选购网卡时需要注意其传输速率、传输稳定性、有线或无线等参数。

🎧 **提示**

现在的声卡和网卡大多作为单独的芯片集成到主板上，且性能完全能满足日常使用。图 1-10 所示为主板上集成的 Aquantia 网卡。另外，调制解调器通常由网络供应商直接配送给用户，所以在配置和组装计算机及其外围设备时，通常不会考虑单独选购这 3 种硬件。

图 1-10　主板上集成的 Aquantia 网卡

步骤 13　选购 U 盘。 选购 U 盘时主要看其接口类型和容量这两个参数。

步骤 14　选购音箱。 选购音箱时主要看其声道系统、有源 / 无源、控制方式、频响范围、扬声器的材质和尺寸等参数。另外，耳机的功能与音箱类似，选购耳机时需要注意其频响范围、阻抗、灵敏度和信噪比等参数。

步骤 15　选购摄像头。 摄像头作为一种视频输入设备，被广泛应用于视频会议、远程医疗和教学、实时监控等方面。选购摄像头时考虑的性能参数包括感光元件相关参数、像素、镜头相关参数、最大帧数和对焦方式等。

步骤 16　选购路由器。 路由器已经成为一种计算机的标准外围设备，主流的路由器通常都具备发送和接收无线信号的功能。图 1-11 所示为无线路由器。选购路由器时通常要考虑的性能参数包括接口数量、传输速率、网络标准、频率范围、天线类型和天线数量等。

步骤 17　选购影印一体机。 影印一体机通常有喷墨、墨仓式、激光和页宽 4 种类型，喷墨一体机和墨仓式一体机通常比较适合家庭或小型企业使用，激光一体机则比较适合中大型企业使用。图 1-12 所示为彩色激光一体机。页宽一体机融合了激光一体机和喷墨一体机的优势，在实现专业品质彩色输出的同时，可大幅降低打印成本。选购影印一体机时有一些基本参数需要考虑，包括产品定位、耗材类型和涵盖功能。另外，涉及打印功能的性能参数包括打印速度、打印分辨率、预热时间和打印负荷等；涉及扫描功能的性能参数包括扫描类型、扫描元件、光学分辨率、扫描兼容性、色彩深度和灰度值等；涉及复印功能的性能参数包括复印分辨率、复印速度和缩放范围等。影印一体机的主要介质就是纸，因此，选购影印一体机时还需要考虑纸的参数，包括纸的类型、尺寸、重量，以及供纸盒的容量和输出容量等。

图 1-11　无线路由器

图 1-12　彩色激光一体机

资源链接

每种硬件的性能参数都不同，利用配套资源中的"电子活页"文档，可查看计算机主要硬件和外围设备的性能参数及详细的选购说明。

电子活页

性能参数

小组交流

（1）小组成员分别根据表 1-2 所示的内容罗列出自己需要配置的计算机的设备清单，并写清楚具体的配置策略。

表1-2　计算机设备配置清单

设备名称	型号	价格（单位：元）	备注
主板			
CPU			
内存			
显卡			
硬盘			
电源			
机箱			
显示器			
鼠标			

续表

设备名称	型号	价格（单位：元）	备注
键盘			
声卡			
网卡			
U 盘			
音箱			
摄像头			
路由器			
影印一体机			

总计：_____元

配置策略：_____

_____

_____

_____

_____

✏️ 课堂笔记

_____

_____

_____

_____

_____

_____

_____

_____

_____

任务 **2** 组装计算机

在组装计算机之前需做好相关的准备工作，充分的准备工作可以确保组装过程顺利完成，并在一定程度上提高组装的效率与质量。具体的准备工作包括准备组装的工具和熟悉组装的流程两项。首先，组装计算机时需要用到一些工具来完成硬件的安装和检测，如螺丝刀、尖嘴钳和镊子；其次，组装之前还应该厘清组装计算机的流程，做到胸有成竹；最后一鼓作气地完成整个操作过程。虽然组装计算机的流程并不是固定的，但通常可以按照基本的流程进行组装，表 1-3 所示为组装计算机的基本流程。

表1-3　组装计算机的基本流程

基本流程	主要内容
流程 1：安装机箱内部的各种硬件	安装电源
	安装 CPU 和散热风扇
	安装内存
	安装主板
	安装显卡
	安装其他硬件，如声卡、网卡
	安装硬盘（固态硬盘或机械硬盘）
流程 2：连接机箱的各种线缆	连接主板电源线
	连接硬盘电源线和数据线
	连接机箱面板外部接口控制线
	连接机箱内部控制线和信号线
流程 3：连接主要的外围设备	连接显示器
	连接键盘和鼠标
	连接音箱（可以不安装）
	连接主机电源
	连接调制解调器或路由器（可以不安装）
	连接影印一体机（可以不安装）

> **提示**　　大家在整个组装计算机的操作过程中应对每一个操作步骤进行记录和归档，以便最后撰写组装报告。

组装计算机并没有固定的操作步骤，通常由个人习惯和硬件类型决定，下面按照专业装机人员常用的操作步骤进行讲解。

步骤 1 打开机箱并安装电源。 打开机箱侧面板，将电源安装到机箱中。需要用手或十字螺丝刀拧下机箱后部的固定螺钉（通常是 4 颗，一侧两颗），拆卸掉机箱侧面板，并使用尖嘴钳取下机箱后部的显卡挡片，将主板包装盒中附带的主板专用挡板扣在该位置，然后将电源放置在机箱的电源固定架上，最后用螺丝固定。

> 微课视频
> 组装计算机

步骤 2 安装 CPU。 将主板放置在防静电桌垫上，打开主板上的 CPU 插座挡板，使 CPU 两侧的缺口对准插座缺口，将 CPU 垂直放入 CPU 插座中，盖好 CPU 插座挡板并压下拉杆，完成 CPU 的安装，如图 1-13 所示。

> **提示**
> 机箱内的空间比较小，为了保证组装计算机的过程顺利进行，可以先将 CPU、散热风扇和内存安装到主板上，再将主板固定到机箱中。

步骤 3 安装散热风扇。 在 CPU 背面涂抹导热硅脂，将散热风扇两边的卡扣安装到支架的扣具上；将散热风扇的电源插头插入主板的 CPU_FAN 插槽，如图 1-14 所示。

图 1-13 安装 CPU　　　　　　　　　图 1-14 安装散热风扇

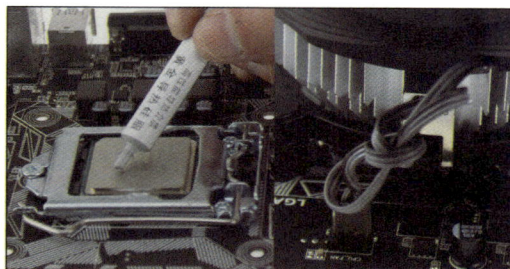

步骤 4 安装内存。 将内存插槽上的固定卡座向外轻微用力扳开，将内存上的缺口与插槽中的防插反凸起对齐，向下均匀用力将内存水平插入插槽中，然后将固定卡座扳回，如图 1-15 所示。

图 1-15 安装内存

步骤 5 安装主板。 将主板平稳地放入机箱内，使螺钉孔与机箱上的六角螺栓对齐，然后使主板的外部接口与机箱背面安装好的主板专用挡板孔位对齐，用螺钉将主板固定在机箱的主板架上。

步骤 6 安装硬盘。 无论是固态硬盘还是机械硬盘，都将其放置到机箱的驱动器支架上，将硬盘的螺钉口与驱动器的螺钉口对齐，用细牙螺钉将硬盘固定在驱动器支架上，如图 1-16 所示。

步骤7   安装显卡。向下按压显卡插槽的卡扣将其打开，将显卡的金手指对准主板上的接口，轻轻按下显卡，充分衔接后用螺钉将其固定在机箱上，如图 1-17 所示。

图 1-16   安装硬盘

图 1-17   安装显卡

步骤8   连接主板电源线。将 20 针主板电源线插入主板上的电源插座，将 4 针的主板辅助电源线插入主板上的辅助电源插座。

步骤9   连接硬盘电源线和数据线。先连接固态硬盘的电源线，再连接机械硬盘的电源线。连接硬盘的数据线两端接口都为"L"形，按正确的方向将一条数据线的插头插入固态硬盘的 SATA 接口中，再将另一条数据线的插头插入机械硬盘的 SATA 接口中，将对应的数据线的插头插入主板的 SATA 插座中，如图 1-18 所示。

图 1-18   连接硬盘电源线和数据线

步骤10   连接机箱面板外部接口控制线。在机箱的前面板连接线中找到音频连线的插头（标记为 HD AUDIO）、前置 USB 连线的插头（标记为 USB）、USB 3.1 连线等的插头，将其插入主板相应的插座上，如图 1-19 所示。

图 1-19   连接机箱面板外部接口控制线

步骤 11　连接机箱内部控制线和信号线。机箱内部控制线包括连接硬盘信号灯的 H.D.D LED 信号线，连接重新启动按钮的 RESET SW（QS）控制线，连接主机电源灯的 POWER LED 信号线，连接开机按钮的 POWER SW（QS）控制线等，如图 1-20 所示。

> 🎧 **提示**
>
> 现在很多计算机的内外控制线都已经集成为单独的一个插头，将其插入对应主板接口即可。另外，线缆连接完成后，最好将机箱内部的信号线放在一起，将硬盘的数据线和电源线理顺后用尼龙扎带捆绑固定起来，并将所有电源线捆扎起来。

图 1-20　连接机箱内部控制线和信号线

步骤 12　连接键盘和鼠标。将键盘和鼠标的 USB 连接线插头插入主机中对应的主板 USB 接口中。

步骤 13　连接显示器。将显示器的数据线的插头插入显卡的对应接口中（该接口有 VGA、DVI 和 HDMI 3 种，找到相应的接口插入即可），然后拧紧插头上的两颗固定螺钉，将显示器数据线的另外一个插头插入显示器后面的接口中，并拧紧插头上的两颗固定螺钉。

步骤 14　连接电源线。将显示器的电源线的一头插入显示器电源接口中，将主机电源线与主机后的电源接口连接。

步骤 15　连接电源。将显示器电源插头插入电源插线板中，再将主机电源线插头插入电源插线板中。至此，计算机的组装操作就完成了。

> 🎧 **提示**
>
> 上述步骤是组装计算机的常用操作步骤，有的步骤的先后顺序可以调换。另外，如果要连接调制解调器和路由器，通常只需要将网线的一端连接计算机的网卡接口，另一端连接调制解调器和路由器的 WAN 接口。若要连接影印一体机则只需要使用数据线将其连接到计算机对应的接口即可，通常都是 USB 接口。

✏️ **课堂笔记**

任务 3 安装、测试操作系统和安装应用软件

计算机组装完成后，需要在 BIOS（Basic Input Output System，基本输入输出系统）中设置启动顺序，然后才能安装操作系统和应用软件。另外，还可以安装软件来测试硬件和操作系统。

步骤 1 在 BIOS 中设置 U 盘为第一启动设备。 将 U 盘插入计算机的 USB 接口中，启动计算机，在通电自检时按【Delete】键或【F2】键，即可出现屏幕提示，进入 BIOS 界面，选择启动顺序，设置 U 盘为第一启动设备，然后保存设置并退出，重新启动计算机。

> 微课视频
>
> 安装、测试操作系统和常用软件

> **提示**
>
> 不同品牌主板的 BIOS 界面可能不同。BIOS 界面有很多类型，现在以 UEFI 类型的界面为主。图 1-21 所示为微星主板的 UEFI BIOS 界面，在该界面中需要在"启动"选项卡中设置 U 盘为第一启动设备。

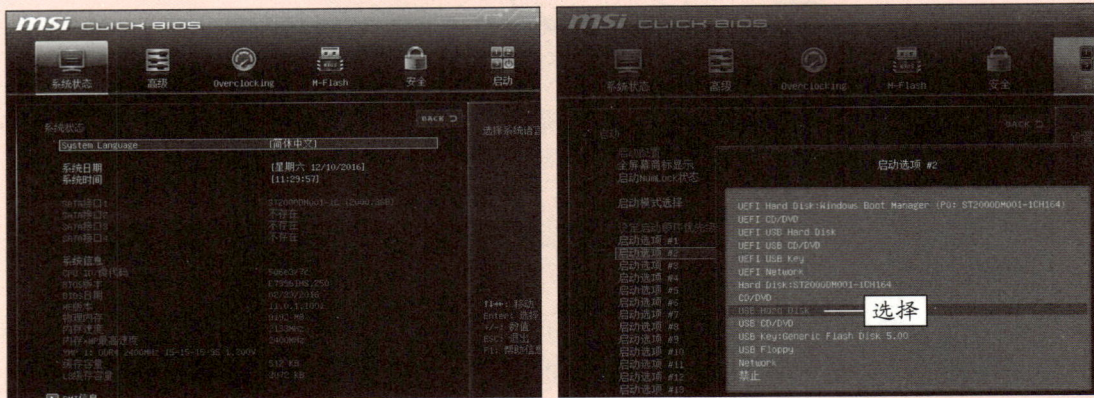

图 1-21 微星主板的 UEFI BIOS 界面

步骤 2 制作 U 盘启动安装盘。 从微软官方网站下载 Windows 10 操作系统必备的 MediaCreationTool 软件。准备一个至少具备 8GB 容量的空白 U 盘，将该 U 盘插入计算机的 USB 接口中，运行 MediaCreationTool 软件，按向导提示将 U 盘制作成 Windows 10 操作系统的启动安装盘，如图 1-22 所示。

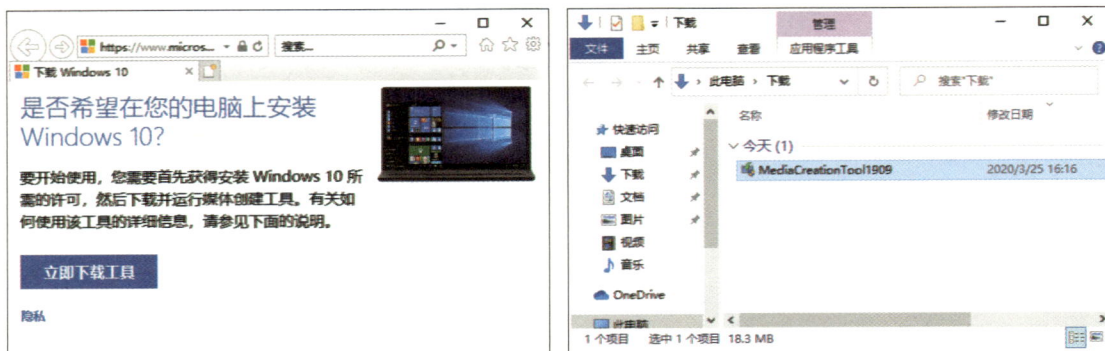

图 1-22 制作 U 盘启动安装盘

图 1-22 制作 U 盘启动安装盘（续）

资源链接 在 BIOS 中还可以设置计算机启动密码、断电后自动恢复等，相关的操作方法和具体设置参见配套资源"BIOS 设置视频"文件夹中的内容。

BIOS 设置视频

步骤 3　Windows 10 操作系统文件的复制与安装。将制作好的 U 盘启动安装盘插入需要安装操作系统的计算机中，启动计算机后将自动下载需要用到的安装程序。这时将对 U 盘进行检测，屏幕中将显示安装程序正在加载安装需要的文件，文件复制完成后将运行 Windows 10 操作系统的安装程序，按照提示进行安装，整个过程约 40 分钟，如图 1-23 所示。

提示 在安装 Windows 10 操作系统的过程中有两个重点注意事项。一是将硬盘分区，只有完成硬盘分区和硬盘格式化的操作之后，才能进行操作系统和应用软件的安装，在选择了安装类型后通常就要进行硬盘分区与格式化操作，通过新建、删除、格式化等操作就能自主完成硬盘的分区与格式化；通常将硬盘分为主分区（默认为 C 盘）和扩展分区两部分，扩展分区又可划分为多个逻辑分区（从 D 盘开始），分区的多少和大小通常由用户自行决定。二是激活系统，Windows 10 操作系统只有被激活之后才能正常使用，通常需要购买正版软件的产品序列号来激活 Windows 10 操作系统。

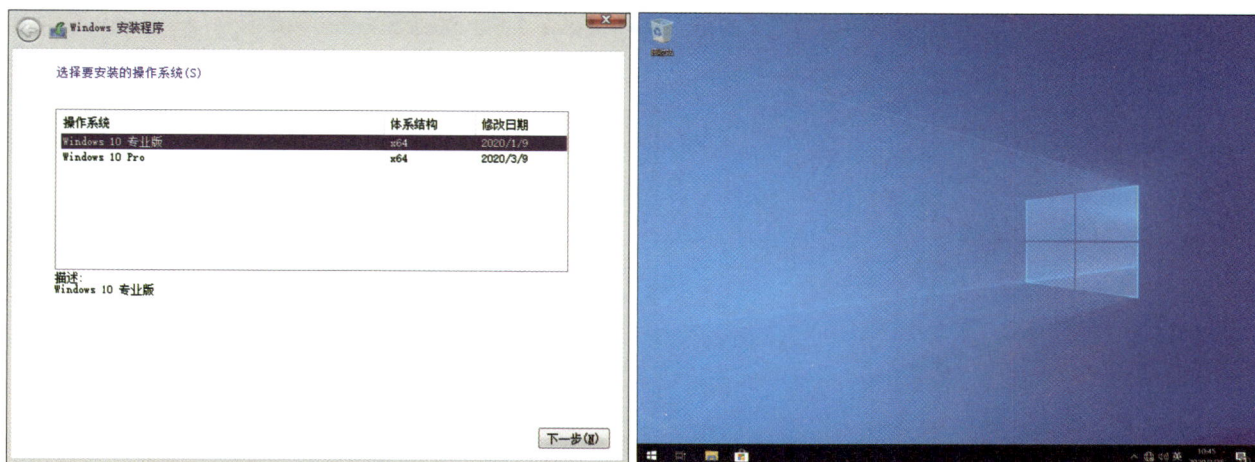

图 1-23 安装 Windows 10 操作系统

资源链接　在微软官方网站中下载 MediaCreationTool 软件后，就能够非常轻松地完成 Windows 10 操作系统的 U 盘启动安装盘的制作。详细方法参见配套资源中的"制作启动盘视频"文件。

制作启动盘视频

步骤 4　查看驱动程序。 在 Windows 10 操作系统桌面上的"此电脑"图标上单击鼠标右键，在弹出的快捷菜单中选择"管理"选项，打开"计算机管理"窗口。在窗口左侧的列表框中选择"设备管理器"选项，此时将在当前窗口中显示所有计算机能够识别的设备，有黄色惊叹号的设备为没有安装驱动程序的设备，暂时无法正常使用，如图 1-24 所示。

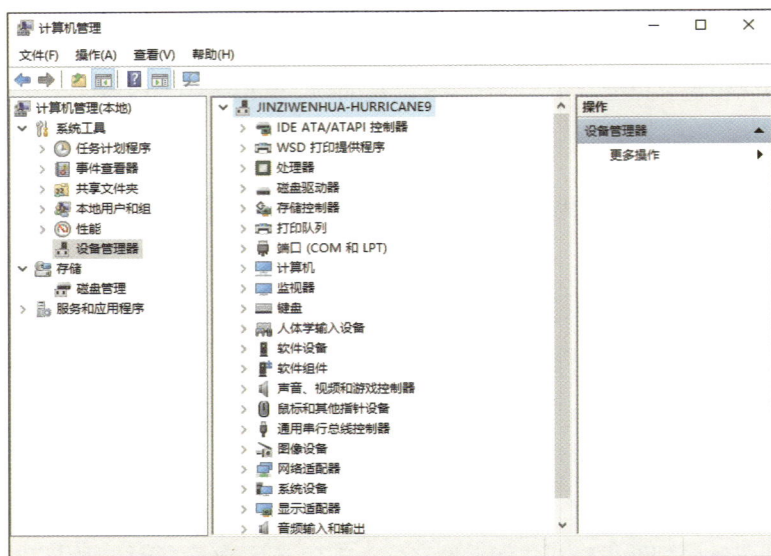

图 1-24　设备管理器

步骤 5　安装驱动程序。 Windows 10 操作系统基本上自带了大部分设备的驱动程序。普通用户安装 Windows 10 操作系统后，可以通过专门的驱动安装升级软件来安装和升级计算机设备的驱动程序，图 1-25 所示为使用 360 驱动大师安装驱动程序。

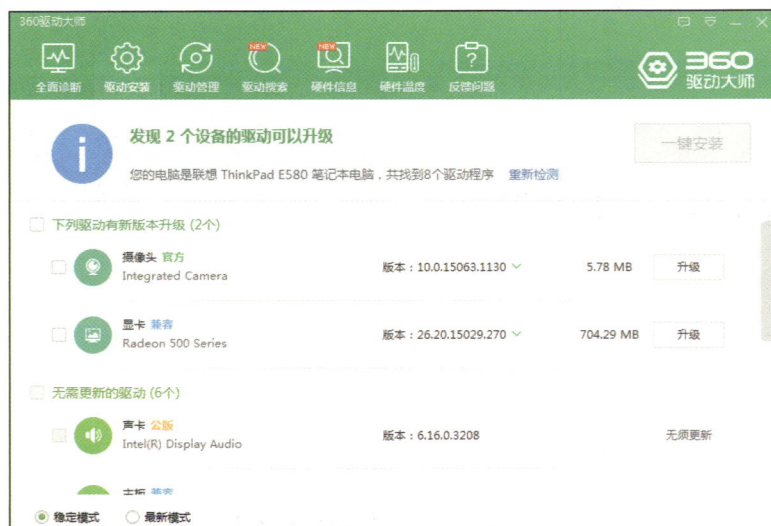

图 1-25　使用 360 驱动大师安装驱动程序

各小组成员在完成 Windows 10 操作系统的安装后，可利用专业的驱动管理软件（如 360 驱动大师、驱动之家、驱动精灵等）查看计算机设备的驱动情况，为需要升级驱动程序的设备升级驱动程序。

步骤 6　安装应用软件。应用软件的安装通常有两种方式：一种是从网络上下载软件的安装程序进行安装；另一种是利用软件安装程序管理软件进行安装，前提条件是将计算机连接到网络中。通常安装应用软件的操作会在将计算机连接到互联网后进行。安装的操作也比较简单，直接双击下载的安装程序，按照提示操作即可。通常将应用软件安装到系统盘中。

步骤 7　测试操作系统。测试操作系统有多种方法，如通过开机自检查看硬件配置，利用操作系统自带的工具（如设备管理器、DirectX 等）进行测试，或使用第三方软件进行测试等。常用的第三方软件包括 Windows 优化大师、鲁大师等。使用鲁大师可以对计算机的 CPU、显卡、内存和硬盘等进行测试，测试后显示评分结果，并单独显示各主要硬件的得分，如图 1-26 所示。

各小组成员可根据 Windows 10 操作系统、驱动程序，以及各应用软件的实际安装情况，谈一谈对安装、测试操作系统和安装应用软件的心得与看法。

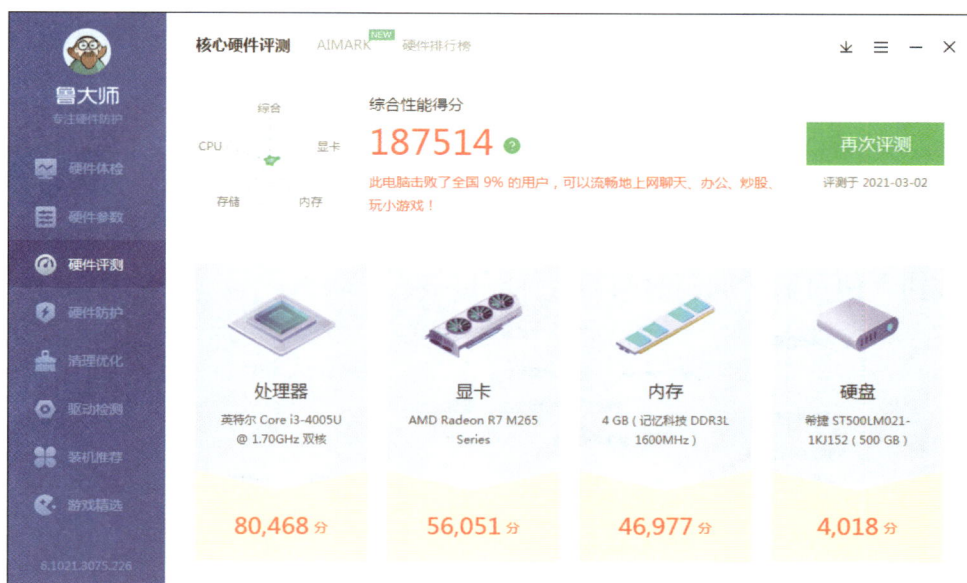

图 1-26　使用鲁大师测试操作系统

课堂笔记

任务 **4** 将信息技术设备接入互联网

　　加快建设网络强国、数字中国是更好满足人民对美好生活向往的现实需要。网络时代，人们希望可以通过以计算机为核心的小型网络，将手机、平板电脑等设备进行互联，实现数据的保存、传输和共享。这就需要将计算机、手机和平板电脑等信息技术设备接入互联网。一般来说，我们可以通过调制解调器将计算机接入互联网，或者将调制解调器接入互联网，然后用调制解调器连接无线路由器，让计算机和各种移动终端等信息技术设备都能通过有线或无线的方式接入互联网，如图1-27所示。

微课视频
将信息技术设备接入互联网

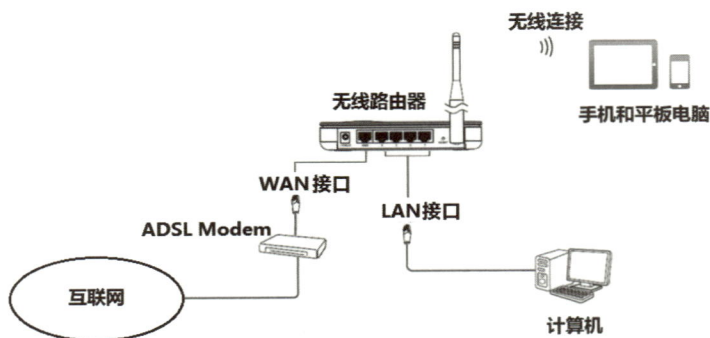

图1-27　将信息技术设备接入互联网

　　方式 1　通过调制解调器将计算机接入互联网。在 Windows 10 操作系统中打开"控制面板"窗口，在"网络和 Internet"区域单击"查看网络状态和任务"链接，打开"网络和共享中心"窗口，如图1-28所示。在窗口的"更改网络设置"栏中单击"设置新的连接或网络"链接，打开"设置连接或网络"对话框。在对话框的"选择一个连接选项"列表框中选择"连接到 Internet"选项，单击"下一步"按钮，打开"连接到 Internet"对话框，选择"宽带 (PPPoE)"选项，图1-29所示对话框的"用户名"和"密码"文本框中输入 ADSL（Asymmetric Digital Subscriber Line，非对称数字用户线路）宽带的对应信息，单击"连接"按钮，便可通过调制解调器将计算机接入互联网。

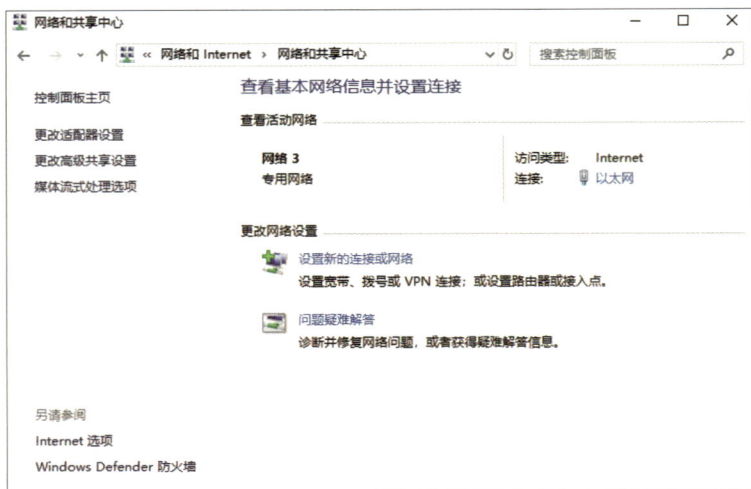

图1-28　"网络和共享中心"窗口

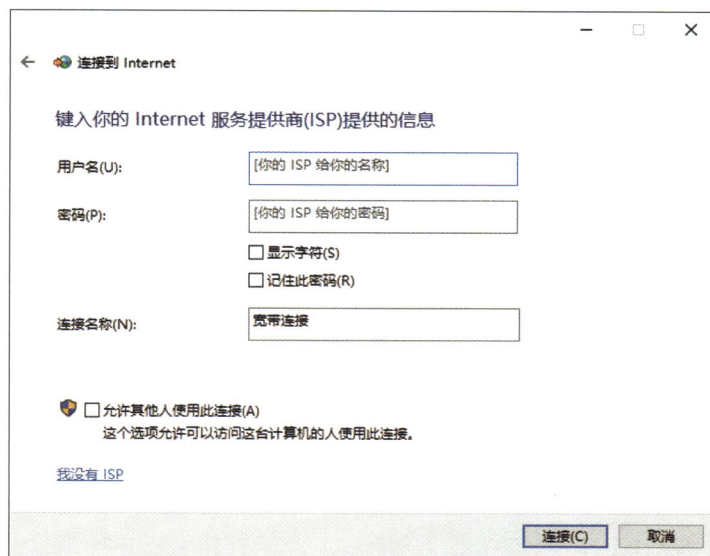

图 1-29 "连接到 Internet"对话框

方式2 通过无线路由器将计算机接入互联网。如果想通过无线路由器实现无线上网，则需要在计算机中安装无线网卡，且要求计算机处于无线网络的信号范围之内（也就是通常所说的能接收到 Wi-Fi 信号）。打开"控制面板"窗口后的操作与通过调制解调器将计算机接入互联网相同，在打开的"您希望如何连接"界面中选择"无线"选项，计算机开始搜索无线网络，并在操作系统桌面右下角的通知栏中显示搜索到的无线网络；选择需要连接的无线网络，单击"连接"按钮即可接入互联网；如果该无线网络设置了密码，则将打开"输入网络安全密钥"对话框，在"安全密钥"文本框中输入密码，单击"确定"按钮即可接入互联网。

提示　无论采用哪种方式将信息技术设备接入互联网，都需要先通过网线将计算机的网卡和调制解调器连接起来。具体连接方法：将网线的一端连接调制解调器的 WAN 接口，另一端连接计算机的网卡接口；或者将网线的一端连接调制解调器的 WAN 接口，另一端连接无线路由器的 WAN 接口，再使用另一根网线连接无线路由器的 LAN 接口和网卡接口。

小组交流　请使用两种不同的方式将计算机接入互联网。在小组中进行操作，并对比分析两种方式的异同。

课堂笔记

任务 5　在智能移动设备和计算机间进行信息互传

日常生活中经常需要在计算机与手机、平板电脑这些智能移动设备之间互传照片、文件、音乐和视频等信息，通常的方法是利用 USB 数据线，然后通过专用的软件来实现。由于智能移动设备的操作系统并不是统一的，主流的是 iOS 和 Android 操作系统，华为也推出了国产鸿蒙 HarmonyOS 操作系统，不同操作系统在进行数据传输时也有不同的操作。本任务以使用 iOS 的手机为例进行讲解。

微课视频
在智能移动设备和计算机间进行信息互传

步骤 1　下载和安装 iTunes。 在网络中下载并安装 iOS 专用的信息传输软件 iTunes。

步骤 2　连接数据线。 打开 iTunes，将手机用 USB 数据线连接到计算机。

步骤 3　将计算机中的文件传输到手机中。 在打开的 iTunes 主界面中单击"控制"菜单下方的手机图标 ，进入手机操作窗口，根据需要传输的文件类型在左侧列表框中的"设置"栏下选择对应的内容，若传输视频，则可选择"影片"选项。选择"文件"/"将文件添加到资料库"选项，在打开的对话框中将计算机上的视频文件添加到 iTunes 资料库，然后勾选"同步影片"复选框，并勾选添加的视频对应的复选框，单击"应用"按钮，便可将 iTunes 资料库中的视频文件同步到手机中，如图 1-30 所示。

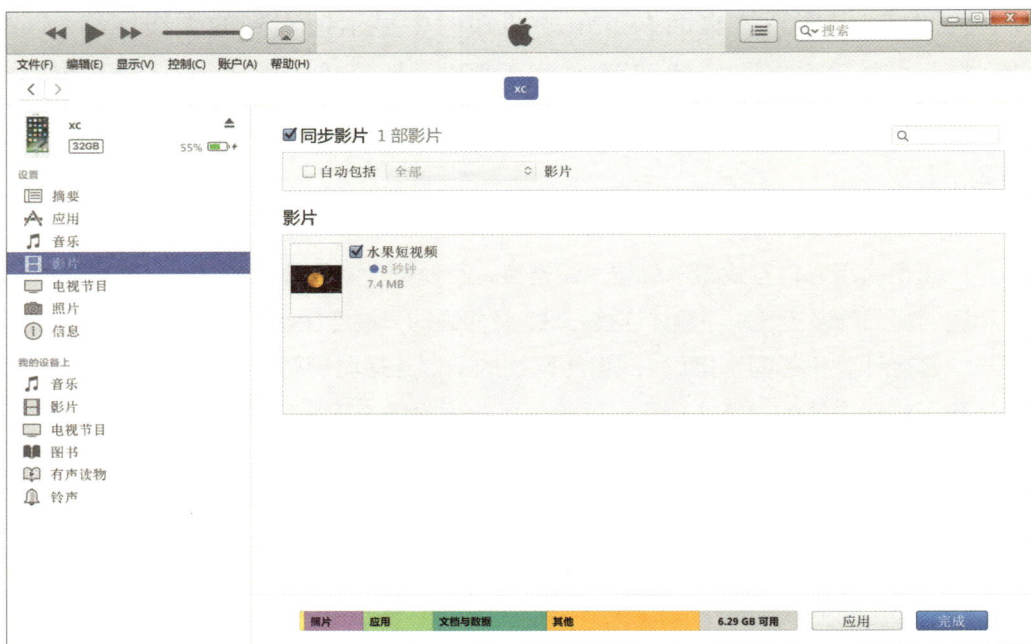

图 1-30　将计算机中的文件传输到手机中

步骤 4　将手机中的文件传输到计算机中。 将手机与计算机通过数据线直接连接后，手机将打开图 1-31 所示的"允许此设备访问照片和视频吗？"提示框，按"允许"按钮，然后在计算机的"此电脑"窗口中可看到手机对应的图标，如图 1-32 所示，单击即可看到手机存储文件的文件夹。双击打开该文件夹，从中选择需要的文件，将其复制到计算机中即可，如图 1-33 所示。

提示

在使用 Android 操作系统的智能移动设备与计算机间进行信息互传要简单一些，先使用 USB 数据线将使用 Android 操作系统的手机与计算机连接，连接成功后手机中会弹出选择 USB 连接方式的对话框，选择"传输文件"选项，即可在计算机中显示手机图标，然后通过移动、复制等方式将文件从手机传输到计算机中，或复制计算机中的文件到手机中。

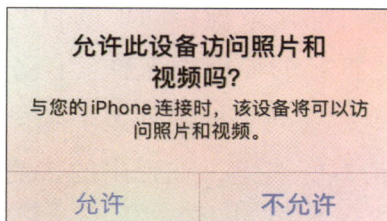

图 1-31　连接提示

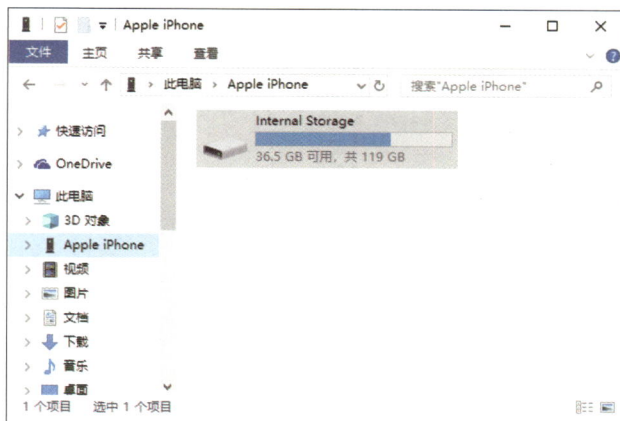

图 1-32　手机存储文件的文件夹

图 1-33　将手机中的文件传输到计算机中

提示

现在智能移动设备与计算机之间的信息互传还可以通过 QQ、微信进行，其优点是方便快捷、简单易用、传输速度快、稳定性高，缺点是较大的文件或多文件传输操作较为烦琐。另外，我们还可以使用网络云盘进行信息互传，其优点是方便多平台移动办公，平台提供的免费空间足够日常使用，缺点是同步速度慢、上传时间长、大文件传输不方便。还有一种方式是利用第三方 App（如 FileApp 等）进行信息互传，其优点是基础传输免费、操作简便，缺点是大文件传输较慢。这 3 种传输方式都基于无线传输。

小组交流

尝试使用各种信息互传方式进行文件互传对比实验，将结果记录到实验报告中。

任务 6 优化、备份和还原计算机的操作系统

在计算机中安装操作系统后，可以通过对 Windows 10 操作系统进行一些设置，以达到提高系统运行速度和优化系统功能的目的，其中最基本的操作就是清理垃圾文件、优化系统启动项、加快关机速度等。另外，还可以使用 Ghost 对计算机操作系统进行备份，以便在计算机出现重大系统故障时，能够迅速将操作系统还原到故障前的状态。

微课视频

设置和优化计算机的操作系统

步骤 1　清理垃圾文件。 打开系统盘下的 "\Windows\Temp" 文件夹，将里面的文件全部删除。

步骤 2　优化系统启动项。 在 Windows 10 操作系统中，优化系统启动项的目的是加快操作系统启动的速度。按【Ctrl+Alt+Delete】组合键，在打开的界面中选择 "任务管理器" 选项，打开 "任务管理器" 窗口，单击 "启动" 选项卡，在列表框中列出了随操作系统启动而自动运行的程序，在不需要自动启动的程序上单击鼠标右键，在弹出的快捷菜单中选择 "禁用" 选项，如图 1-34 所示。

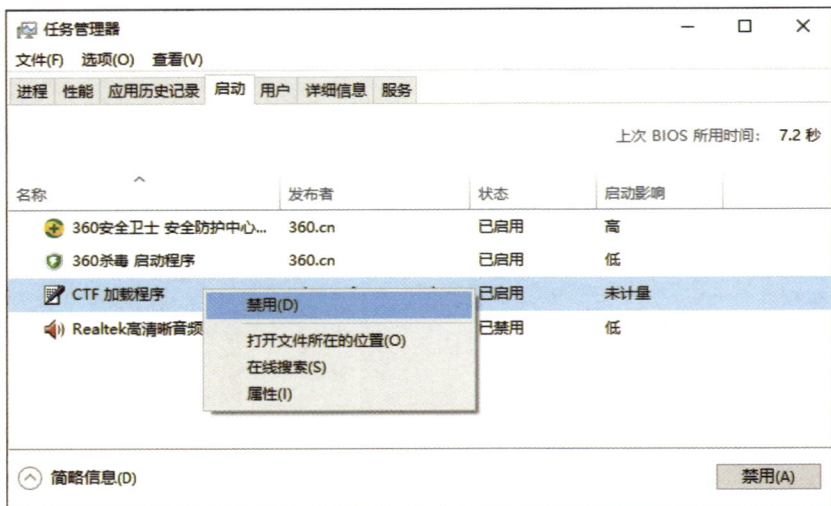

图 1-34　优化系统启动项

步骤 3　加快关机速度。 按【Windows+R】组合键，打开 "运行" 对话框，在 "打开" 文本框中输入 "regedit"，按【Enter】键打开 "注册表编辑器" 窗口，依次展开左侧的 "HKEY_LOCAL_ MACHINE" / "SYSTEM" / "CurrentControlSet" 文件夹，选择 "Control" 文件夹，双击右侧的 "WaitToKillServiceTimeout" 选项，在打开的对话框中将 "数值数据" 修改为 "2000"，单击 "确定" 按钮，如图 1-35 所示。

资源链接

Windows 操作系统在启动时自动加载了很多在操作系统和网络中发挥着很大作用的服务，但这些服务并不都适合用户，可以通过关闭不需要的服务来提高计算机的启动速度，优化操作系统，具体参见配套资源中的 "电子活页" 文档内容，查看 Windows 10 操作系统中可以关闭的服务。

电子活页

可关闭系统服务

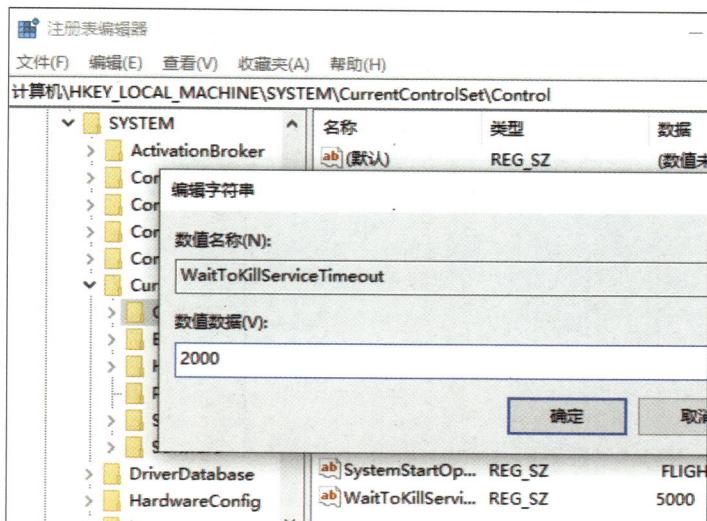

图 1-35　加快关机速度

资源链接　优化计算机的操作系统还可以通过专业软件进行，例如，Windows 优化大师、360 安全卫士等，详情参见配套资源中的"Windows 优化大师视频"文件。

Windows
优化大师视频

步骤 4　制作 U 盘启动安装盘。 从网上下载一个 U 盘启动安装盘制作软件，如大白菜等，将启动程序安装到 U 盘中。

步骤 5　使用 Ghost 备份系统盘。 使用 U 盘启动安装盘启动计算机的操作系统后，在相应界面中选择运行 Ghost，在打开的 Ghost 界面中选择"Local"/"Partition"/"To Image"选项，然后选择备份分区所在的硬盘，选择要备份的分区，通常选择第 1 分区，也就是系统盘，接着选择备文件份保存的位置并设置其名称，确认后就可以开始自动备份了，如图 1-36 所示。

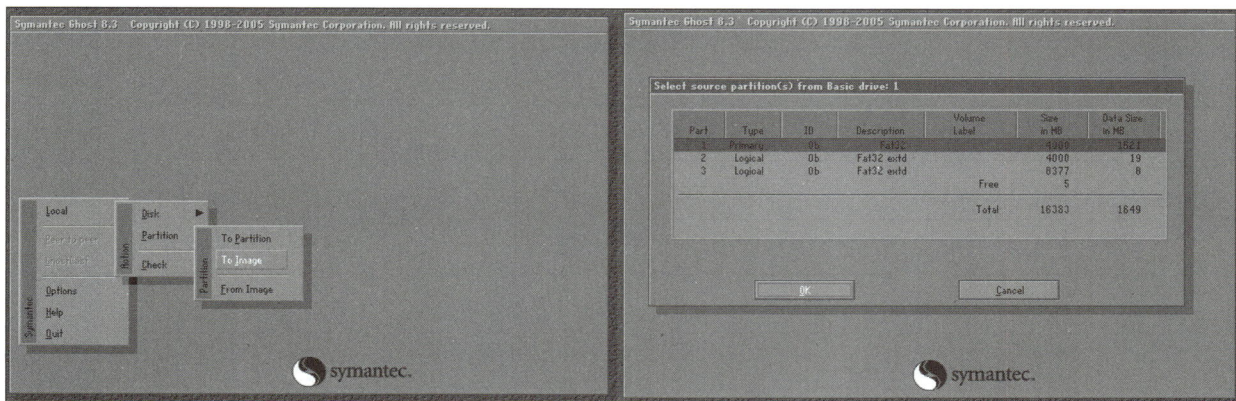

图 1-36　使用 Ghost 备份系统盘

步骤 6　使用 Ghost 还原操作系统。 使用 U 盘启动安装盘启动计算机的操作系统，然后运行 Ghost，在打开的 Ghost 界面中选择"Local"/"Partition"/"From Image"选项，选择创建好的备份文件，并指定操作系统恢复的位置（包括指定硬盘和分区），最后重新启动计算机，即可完成操作系统的还原，如图 1-37 所示。

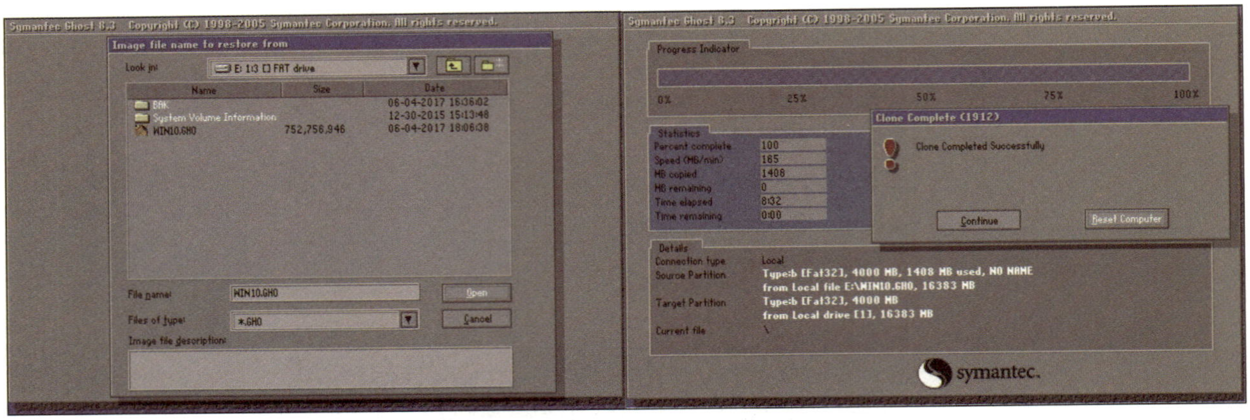

图 1-37　使用 Ghost 还原操作系统

提示

　　利用 Windows 10 操作系统自带的系统备份与还原功能，也可以对操作系统进行备份和还原。方法是打开"控制面板"窗口，单击"系统和安全"区域中的"备份和还原"链接，在打开的窗口中根据提示执行备份操作。完成备份后，可利用窗口中的还原功能将当前操作系统还原为备份的操作系统。

小组交流

　　（1）小组成员使用不同的软件优化操作系统，并讨论优化效果。
　　（2）小组成员使用 Ghost 备份和还原操作系统，然后使用 Windows 10 操作系统自带的备份和还原功能备份和还原操作系统，看看两者的异同，并写出报告得出结论。

课堂笔记

任务 **7** 维护计算机和排除计算机的常见故障

计算机故障是在使用计算机的过程中遇到的系统不能正常运行或运行不稳定，或硬件损坏、出错等的现象。维护计算机和排除计算机常见故障的步骤如下。

步骤 1　了解产生计算机故障的原因。 要排除计算机故障，应先找到产生故障的原因。计算机故障是由各种各样的因素引起的，主要包括计算机硬件质量差、环境因素、兼容性问题、病毒破坏，以及使用和维护不当。

- 硬件质量差：硬件质量差的主要原因是生产厂家在制作硬件时为了节约成本，使用一些质量较差的电子元件，主要表现为电子元件质量差、电路设计缺陷和假货等，如图 1-38 所示。

图 1-38　电路设计缺陷

- 环境因素：计算机中各硬件的集成度很高，当所处的环境不符合硬件正常运行的标准时就容易引发故障，如温度过高、电压不匹配、灰尘过多、电磁波过强、湿度过大等，如图 1-39 所示。

- 兼容性问题：计算机中的各种软件和硬件并非同一厂家所设计和生产，因此可能存在兼容性问题，如果兼容性不好，则可能出现运行问题或导致计算机故障。

图 1-39　温度过高导致计算机故障

- 病毒破坏：病毒是引起大多数软件故障的主要原因，它们利用软件或硬件的缺陷控制或破坏计算机，可使系统运行缓慢、不断重启，导致用户无法正常操作计算机，甚至造成硬件损坏。

- 使用和维护不当：有些硬件故障是由用户操作不当或维护失败造成的，主要有安装不当、安装错误、板卡被划伤、带电拔插和带静电触摸硬件等因素。

步骤 2　确认计算机故障。 在发现计算机故障后，先要做的事情是确认计算机的故障，然后再进行处理。确认计算机故障包括以下几种方法。

- 观察系统启动时 BIOS 芯片是否发出报警声，判断系统是否正常启动。
- 通过看、摸、听、闻等方式来判断产生故障的位置和原因。
- 通过诊断测试卡、诊断测试软件来确认计算机故障。
- 对机箱内部的灰尘进行清理也可确认并清除一些故障。
- 通过同时运行两台配置相同或类似的计算机，比较正常计算机与故障计算机在执行相同操作时的不同表现或各自的设置来判断故障产生的位置。
- 使用万用表测量元件的电压或电阻是否正常。
- 使用相同或相近型号的板卡、电源、硬盘、显示器及外围设备等部件替换原来的部件以分析和排除故障。

步骤 3　了解判断计算机故障所在部位的基本原则和步骤。 判断计算机故障所在部位的基本原则包括仔细分析、先软件后硬件、先内部后外围、先电源后部件、先简单后复杂等。图 1-40 所示为在一台计算机开机到使用的过程中判断故障所在部位的基本步骤。

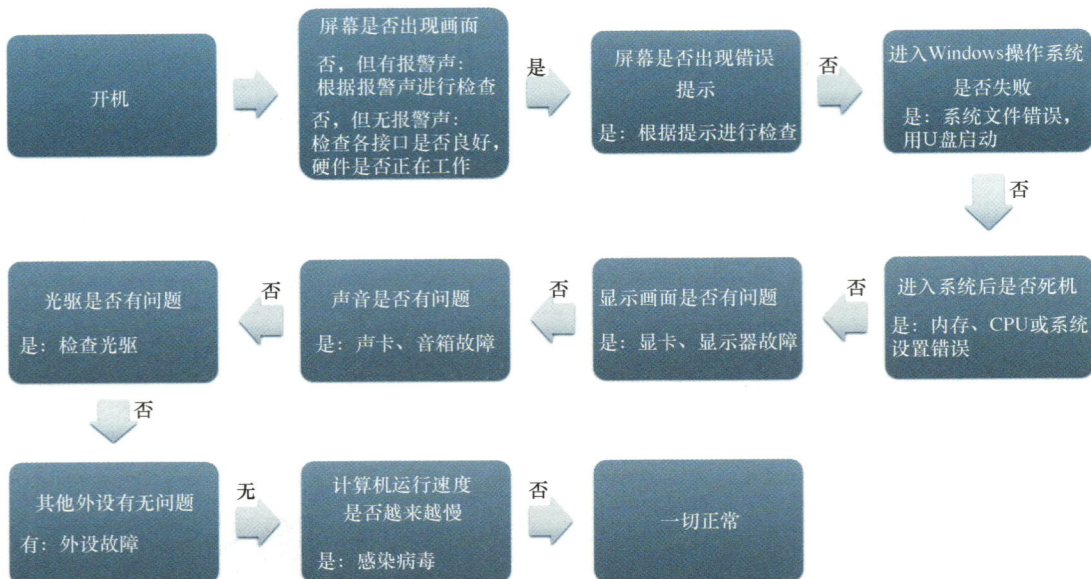

```
开机  →  屏幕是否出现画面              是    屏幕是否出现错误      否    进入Windows操作系统
          否，但有报警声：            →    提示                →    是否失败
          根据报警声进行检查                是：根据提示进行检查        是：系统文件错误，
          否，但无报警声：                                           用U盘启动
          检查各接口是否良好，                                              ↓ 否
          硬件是否正在工作

光驱是否有问题    否    声音是否有问题    否    显示画面是否有问题    否    进入系统后是否死机
是：检查光驱    ←    是：声卡、音箱故障  ←   是：显卡、显示器故障  ←   是：内存、CPU或系统
                                                                    设置错误
  ↓ 否

其他外设有无问题    无    计算机运行速度      否    一切正常
有：外设故障      →    是否越来越慢      →
                      是：感染病毒
```

图 1-40　判断计算机故障所在部位的基本步骤

资源链接　计算机产生故障的原因是多种多样的，我们只有通过日积月累，不断了解和分析各种计算机故障产生的原因，才能更从容地排除故障。可以利用配套资源中的"电子活页"文档查看计算机故障的产生原因和确认故障的详细内容。

电子活页
故障原因和确认故障

步骤 4　使用最小化计算机检测故障。 在计算机启动时只安装最基本的部件，包括CPU、主板、显卡、内存，只连接显示器和键盘。如果计算机能够正常启动，表明基本部件没有问题，然后逐步安装其他设备，这样可快速找出产生故障的部件。如果不能启动计算机，可根据发出的报警声来分析和排除故障。

步骤 5　排除常见的计算机故障。 计算机的常见故障包括蓝屏故障、死机故障和自动重启故障，以及操作系统和各种硬件的故障等。

资源链接　主动了解计算机各种常见故障的排除方法，可以更快地提升检查和处理计算机故障的能力。利用配套资源中的"电子活页"文档，可以查看排除一些常见的计算机故障的相关操作。

电子活页
排除故障

小组交流　分组讨论为了避免计算机出现故障应该进行哪些方面的日常维护，并生成报告，罗列出计算机日常维护的相关事项。

任务 8 恢复计算机中被误删除的信息

误删除的信息主要包括各种文件和图片、硬盘的主引导记录扇区、格式化的硬盘分区等。用户可以使用不同的信息恢复软件来恢复误删除的信息。

步骤 1 **使用 FinalData 恢复被误删除的文件。** 启动 FinalData，首先选择需要恢复的文件所在的硬盘分区，然后设置搜索范围并搜索所有删除的文件，最后选择需要恢复的文件，并设置文件的保存位置，即可将其恢复，如图 1-41 所示。

微课视频

恢复计算机中被误删除的信息

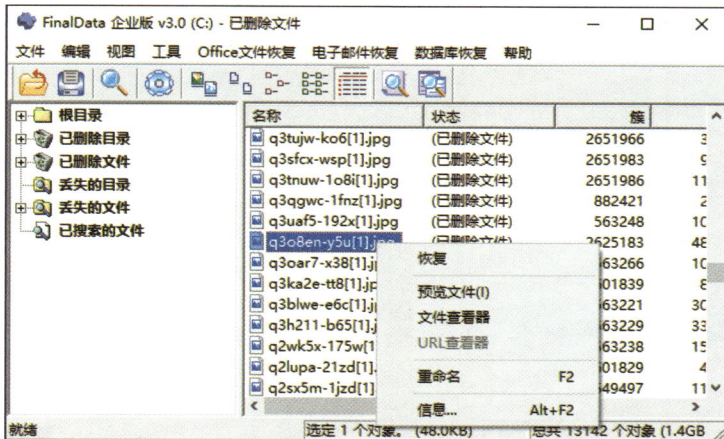

图 1-41 使用 FinalData 恢复被误删除的文件

步骤 2 **使用 DiskGenius 修复硬盘的主引导记录扇区。** 使用 U 盘启动安装盘启动计算机，然后启动 DiskGenius，进行重建主引导记录（Master Boot Record，MBR）操作，如图 1-42 所示。

提示
为了提高信息恢复的成功率，我们应尽量避免在信息被误删除后进行硬盘的读写操作。另外，我们还应该养成备份重要文件的良好习惯，不能一味依赖信息恢复操作。

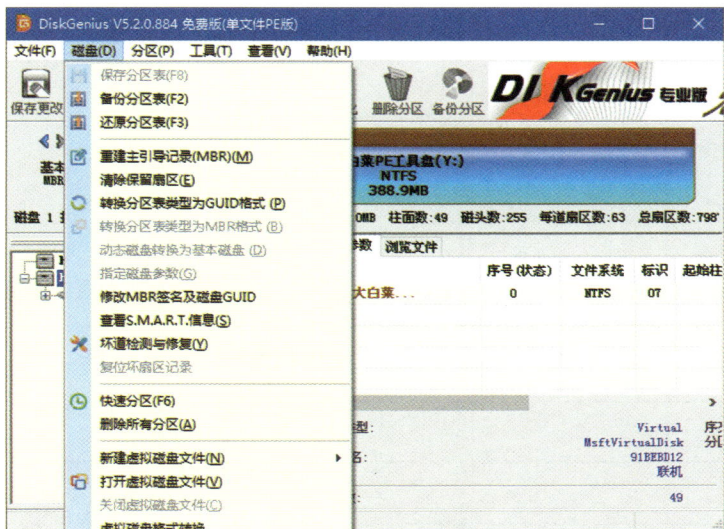

图 1-42 使用 DiskGenius 修复硬盘的主引导记录扇区

步骤 3　使用 EasyRecovery 恢复被误删除的文件。启动 EasyRecovery，选择需要恢复的文件类型，如图 1-43 所示。然后选择误删除的文件所在的位置，计算机开始扫描被删除的文件，扫描时可以选择不同的扫描类型，扫描完成后将罗列出所有被删除的文件，选择需要恢复的文件，单击"恢复"按钮即可将其恢复，如图 1-44 所示。

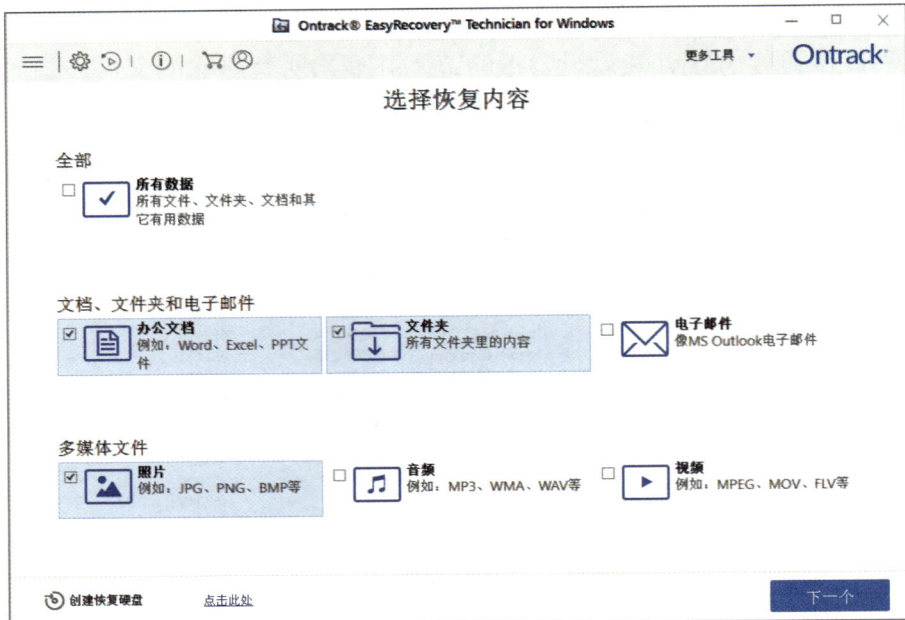

图 1-43　选择需要恢复的文件类型

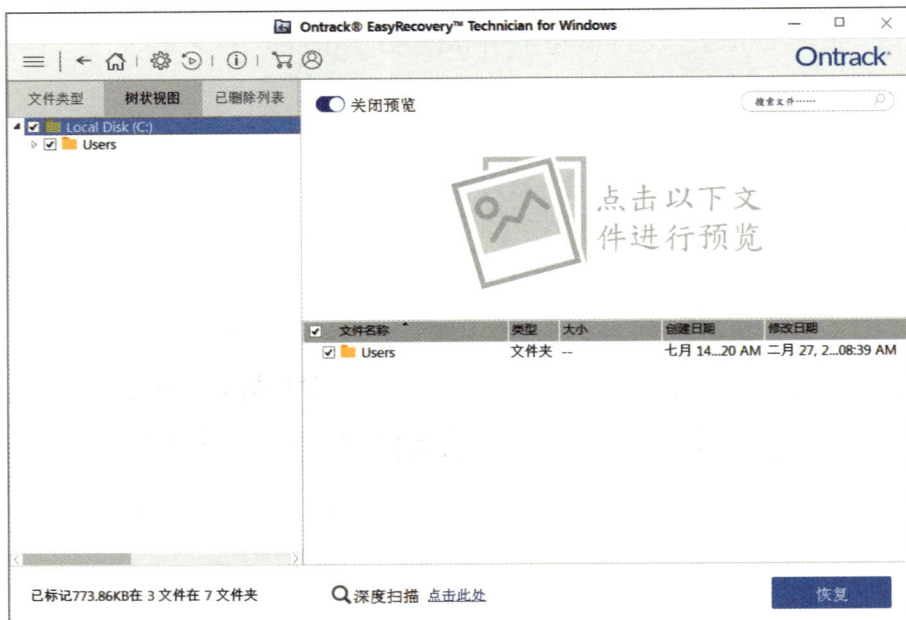

图 1-44　使用 EasyRecovery 恢复被误删除的文件

课堂笔记

课后思考

班级：_____　　　　姓名：_____　　　　成绩：_____

思考题 1

2021 年 10 月，微软公司宣布新一代操作系统 Windows 11 全面上市，请在互联网中搜索 Windows 11 的相关知识，了解该操作系统的创新功能与特性。

_____

_____

_____

_____

_____

思考题 2

某同学因请假未及时上课，需要将保存在学校计算机中的课堂笔记传输到家里的计算机中，以便及时复习，如果你是他的同学，请问该如何帮助他？

_____

_____

_____

_____

_____

思考题 3

系统在使用一段时间后，由于磁盘碎片、垃圾文件等问题，可能会出现计算机开机变慢，甚至死机等情况，请仔细思考出现这些问题后应该怎样操作才能解决，以及怎样预防计算机死机。

_____

_____

_____

_____

_____

拓展训练　计算机组装竞赛

1. 训练任务

要求： 将提供的零散计算机部件组装成一台计算机，并在组装后的计算机上安装 Windows 10 操作系统，然后将计算机接入互联网，并下载和安装应用软件，最后优化操作系统和备份系统盘。此外，对计算机的软件和硬件进行维护，并及时排除一些常见故障。

2. 训练安排

要求： 在小组之间组织一场计算机组装竞赛，每组派一人或两人参加竞赛。学生可自由分组，并按情况要求填写以下内容。

小组人数：＿＿＿＿＿人　　小组组长：＿＿＿＿＿＿＿＿小组成员：＿＿＿＿＿＿＿＿＿＿

工作分配：＿＿＿＿＿＿＿＿＿＿＿＿＿＿＿＿＿＿＿＿＿＿＿＿＿＿＿＿＿＿＿＿＿＿＿＿＿＿

3. 训练评价

序号	评分内容	总分	得分
1	能否通过不同渠道获取计算机硬件基本资料，填写的计算机组装配置清单是否合理，无明显错误	10	
2	能否识别计算机硬件并检查是否完好	10	
3	能否正确安装 CPU、内存和主板	10	
4	能否正确安装硬盘、电源和显卡	10	
5	能否正确连接各种数据线	5	
6	能否正确连接鼠标、键盘和显示器	10	
7	能否正确连接各种外围设备	10	
8	能否正确安装操作系统	10	
9	能否正确安装设备驱动程序	10	
10	能否正确将计算机接入互联网	5	
11	在计算机组装过程中是否使用了防静电工作台	10	
	总分	100	

教师评语：

模块二

小型网络系统搭建

02

情境描述

　　没有网络安全就没有国家安全，就没有经济社会稳定运行，广大人民群众利益也难以得到保障。为了更好地将网络安全意识贯彻到底，学校决定为信息技术教室搭建一个小型的网络系统，目的是通过搭建的网络系统实现多台计算机同时上网，利用该网络系统实现资源共享、多人办公、远程操作等各种功能，并通过该网络系统进一步搭建日后需要的各种物联网模块，如监控系统、警报系统等。

技能目标

◎ 会设计和配置小型网络系统并进行简单测试。

◎ 了解在小型网络系统的基础上搭建具有相应功能的物联网模块的思路和流程。

◎ 会配置网络功能服务、搭建网络云应用环境，以实现资料共享、业务流程管理、多人协作办公等功能。

环境要求

◎ 防静电工作台：防静电桌垫、防静电腕带、接地装置。

◎ 搭建计算机网络系统所需的硬件：计算机、打印机、网线、RJ-45 接头（水晶头）、调制解调器、交换机、路由器（包括有线路由器和无线路由器）等。

◎ 搭建计算机网络系统所需的工具和操作系统：螺丝刀（一套）、镊子、压线钳、测线仪、万用表、尖嘴钳、剪刀、Windows 10 操作系统等。

◎ 实现网络共享和协作的软件：Seafile、ownCloud、可道云、腾讯文档、WPS 云文档、钉钉等。

任务实践

| 模块名称：小型网络系统搭建 | | 所需学时： | 14 | 学时 |

任务列表		难度			计划学时
		低	中	高	
任务 1	设计网络系统		√		1
任务 2	连接与配置网络设备		√		2
任务 3	配置网络功能服务		√		1
任务 4	搭建物联网模块		√		1
任务 5	测试网络性能	√			0.5
任务 6	安装云服务器	√			0.5
任务 7	配置远程操作环境			√	1
任务 8	安装和配置云文件共享服务			√	1
任务 9	配置多人在线协作编辑文档的环境		√		2
任务 10	配置 OA 系统			√	4

任务准备		
知识准备	1. 了解计算机网络的分类和各种网络拓扑结构 2. 能够完成网络系统的设计和布线工作 3. 能够区分各种计算机网络硬件，并能配置路由器、交换机等网络设备 4. 掌握 DNS、DHCP、VLAN、网络限速、防火墙等简易网络的配置方法 5. 了解物联网的基本概念、搭建思路和搭建流程 6. 能够对网络性能进行测试 7. 能够安装云服务器 8. 了解配置远程操作环境的方法 9. 能够安装和配置文件共享、打印共享、网站、协同工作等应用服务 10. 使用腾讯文档、WPS 云文档配置多人在线协作编辑环境 11. 使用钉钉等应用程序配置 OA 系统	
注意事项	1. 安全用电，不得在机房充电 2. 爱护公物，若发现公物损坏或丢失，需照价赔偿 3. 保持安静，不得大声喧哗，不得打闹，不得影响他人 4. 安全布线，谨慎使用各种剥线工具 5. 严禁私自安装、卸载、更改计算机程序 6. 严禁使用搭建的计算机网络系统进行娱乐、游戏等操作 7. 按时完成任务，并提交任务报告，每个学生一份 8. 任务完成后，需关闭电源并打扫卫生，如此方可离室	

任务 **1** 设计网络系统

网络系统是通过各种硬件设备和传输介质的连接而搭建起来的，而具体的连接方式和布局方式会根据不同的网络系统选择相应的处理方案。网络系统设计主要是根据用户的需求对网络的拓扑结构、具体软硬件搭配和连接布线方案等进行选择和落实，其流程如表 2-1 所示。

表2-1　设计网络系统的流程

流程	主要内容
流程 1：需求分析	了解用户当前和未来 5 年内需要的网络规模，以及当前的网络硬件设备、人员、资金投入、站点分布、地理分布、数据流量和流向，还有现有软件和通信线路使用情况等，分析这些信息并总结出将要搭建的网络系统应该具备的基本配置需求
流程 2：逻辑网络设计	参考用户需求中描述的网络行为和性能等要求，选择特定的网络技术，设计特定的网络结构
流程 3：物理网络设计	通过对网络系统所用的相关硬件设备的具体物理分布、运行环境等情况的确定，确保网络系统的物理连接符合逻辑连接的要求。主要工作是确定搭建网络系统的具体软硬件、连接设备、布线和服务

资源链接　在设计网络系统之前，查看配套资源中的"电子活页"文档，可以了解计算机网络的定义、组成和功能等基础知识。

电子活页　计算机网络概述

资源链接　局域网是目前应用最为广泛的一种网络系统，小型网络系统通常都是局域网，查看配套资源中的"电子活页"文档，可以了解局域网的定义、组成和分类等基础知识。

电子活页　局域网概述

下面，就利用给定的某单位的计算机网络现状和需求，设计出一个办公局域网络系统。

步骤 1　需求分析。在某单位中，所有的计算机都独立运行，并没有连接成网络，不能相互沟通信息，平时工作中需要进行大量的重复输入操作，只能通过 U 盘进行信息交流。这时需要建立一个局域网，在减少重复劳动的同时实现整个单位的信息资源共享，建立统一的信息管理网络系统，单位中各部门的人事、行政和财务等信息由该部门的负责人进行输入和管理，以便查询、检查。该单位的主要情况如下。

- 单位中有 60 台计算机、33 台打印机，通常一台计算机只连接一台打印机。
- 单位没有连接过网络，没有使用网络的经验。
- 计算机主要用于统计、财务和文字处理。
- 整个办公区域在大楼的同一层中。
- 已经购买了两台专业的服务器。

步骤 2　设计网络拓扑结构。

- 该单位组建的是局域网，由于局域网的误码率相当低，无须在线路上进行检错，因此局域网常采用广播型的拓扑结构，该类型的拓扑结构包括总线型拓扑结构、星形拓扑结构、环形拓扑结构和树形拓扑结构 4 种。

- 逐步排除不合适的拓扑结构。树形拓扑结构如图 2-1 所示。该结构可以延伸出很多节点和子节点，这些新的节点和子节点都能容易地加入网络，不便于进行统一管理和监控，因为每一个节点都有自己的上级节点。

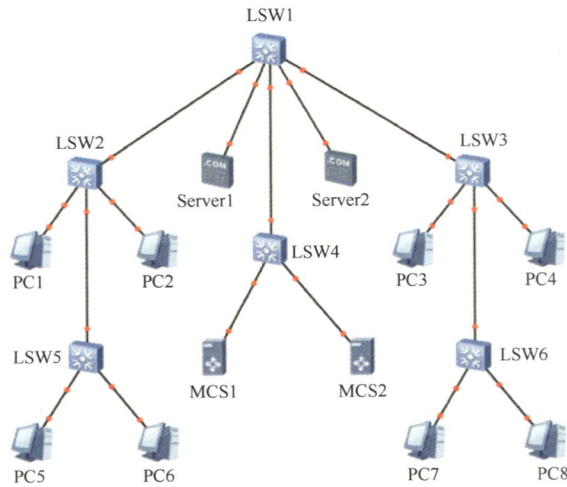

图 2-1　树形拓扑结构

- 总线型拓扑结构如图 2-2 所示。该结构的所有站点都通过相应的硬件接口直接连接到中间的公共传输媒体线路上，任何一个站点发送的信号都沿着传输媒体线路传播，而且能被所有其他站点接收，这一特性使得该结构不便于进行统一管理和监控。

- 环形拓扑结构如图 2-3 所示。该结构中各工作站地位相等，而且一旦某个工作站出错会导致整个网络瘫痪，也不符合要求。

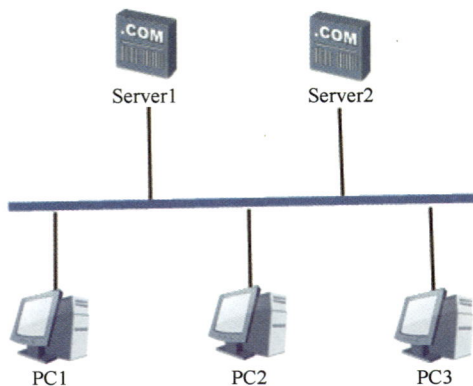

图 2-2　总线型拓扑结构

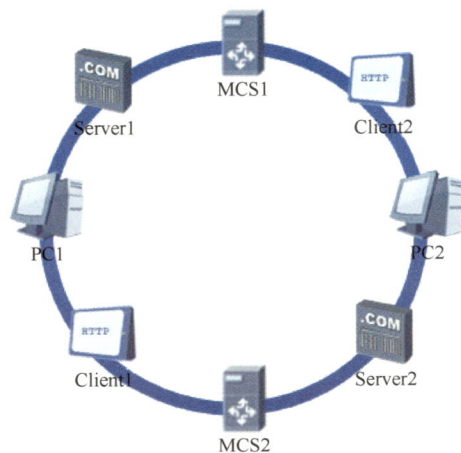

图 2-3　环形拓扑结构

- 只有图 2-4 所示的星形拓扑结构符合要求，因此可以组建一个星形拓扑结构的局域网，该局域网使用光纤或者 ADSL 接入，通过服务器进行管理和监控。

资源链接　不同的网络拓扑结构有自身的特点，参见配套资源中的"电子活页"文档内容，了解不同网络拓扑结构的特点。

电子活页
网络拓扑结构

提示　除了网络拓扑结构自身的优缺点外，大家在选择网络拓扑结构时，还需要考虑以下几点因素。①网络的可靠性：保证网络稳定及正常运行是很重要的，因此在选择网络拓扑结构时，应特别注意网络的可靠性，将网络出现故障的概率降到最低。②网络的灵活性：由于网络的大小和网络内连接的设备都不可能一成不变，因此网络的灵活性就显得比较重要了，最好在组建网络时考虑一下以后的改动情况。③组建网络的费用：在选择网络拓扑结构时，网络建设的费用也是应当考虑的一个因素，组建网络费用的高低与网络拓扑结构和传输介质的选择、传输距离和网络所使用的硬件有很大关系。

步骤 3　设计网络硬件。本方案采用吉比特交换机组建办公局域网。该局域网有两套操作系统：Linux 和 Windows。

整个网络配套两台服务器：一台是 Windows 服务器，主要用于管理工作及提供打印服务；另一台是 Linux 服务器，主要用于提供 FTP、DHCP、Web 服务。整个网络通过吉比特交换机进行组网连接，其网络拓扑结构如图 2-4 所示。打印机直接连接在网络的服务器上，为所有局域网用户提供共享打印服务。

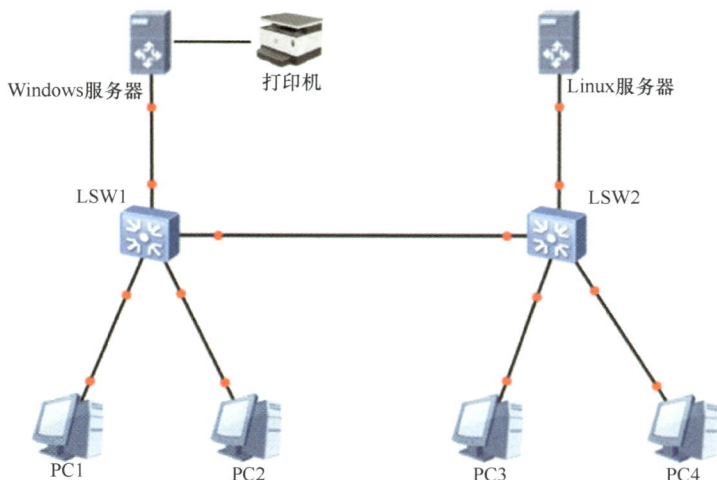

图 2-4　办公局域网的网络拓扑结构

资源链接　不同的计算机网络系统，其硬件设计是不同的，参见配套资源中的"电子活页"文档内容，了解初级和高级网络硬件设计。

电子活页
网络硬件设计

步骤 4　设计综合布线系统。由于本任务中所有计算机都在大楼的同一层，所以只需要在综合布线系统中设置管理子系统、水平子系统和工作区子系统，如图 2-5 所示。

> **资源链接**
>
> 综合布线系统一般包括工作区子系统、水平子系统、垂直主干子系统、管理子系统、设备子系统和建筑群主干子系统 6 个部分，具体参见配套资源中的"电子活页"文档，了解其主要内容。
>
> 电子活页
>
> 综合布线

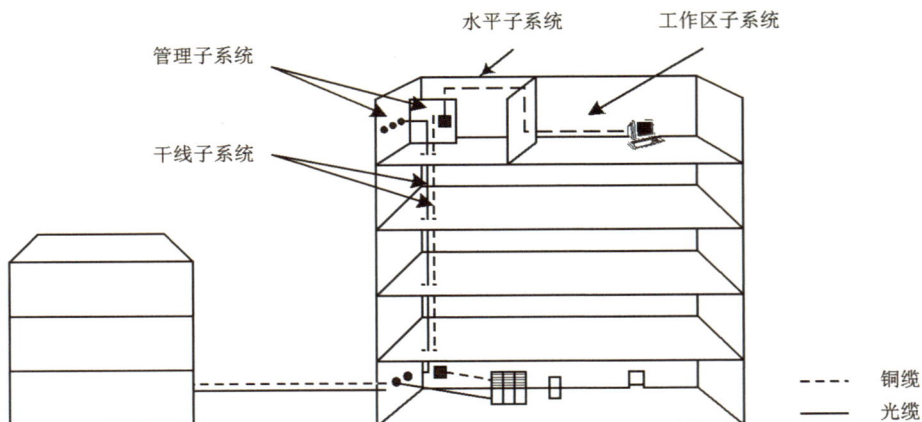

图 2-5　综合布线系统示意图

步骤 5　设计硬件设备配置清单。根据网络的拓扑结构，对网络中需要的硬件设备进行详细的分类，并购买没有的设备。通常情况下所需设备分为计算机和外围设备、网络设备、结构化布线和其他 4 种类型。详细的硬件设备配置清单如表 2-2 所示。

表2-2　硬件设备配置清单

部件名称	设备	配置	数量
计算机和外围设备	专用服务器	Intel i7（8 核心和 4 核心）	6
	计算机工作站	Intel i5，内存 16GB 以上	60
	绘图仪	HP	6
	激光打印机	HP	3
	普通打印机	HP	30
网络设备	万兆交换机	S6800	6
	吉比特交换机	S5700	18
	网卡	TP-Link	120
结构化布线	AMP NETCONNECT 布线系统		1
	6 类双绞线		1500m

> **小组交流**
>
> 小组成员为学校宿舍设计网络系统，基本要求是 6 台计算机和一台打印机通过网络互连，并能同时连接到互联网中。

任务 **2** 连接与配置网络设备

在搭建小型网络系统的过程中，为了使其网络设计更加简洁，网络设备通常只包括网线、路由器、交接机，以及使用端的计算机。连接与配置网络设备的流程如表 2-3 所示。

表2-3　连接与配置网络设备的流程

流程	主要内容
流程 1：准备工具和设备	
流程 2：制作网线	
流程 3：连接网络设备	连接计算机
	连接交换机
	连接路由器
	连接调制解调器
流程 4：物理网络设计	配置计算的有线网络
	配置计算的无线网络

下面开始连接和配置某公司的网络设备。该公司共有 20 台计算机，其中 10 台计算机连接在一台交换机上，交换机连接到路由器上，另外 10 台笔记本电脑则通过路由器的无线功能连接到互联网中。

1. 准备工具和设备

步骤 1　准备工具。 搭建小型网络系统需要用到的工具主要有压线钳、测线仪、螺丝刀（一套）和尖嘴钳等，压线钳和测线仪如图 2-6 所示。

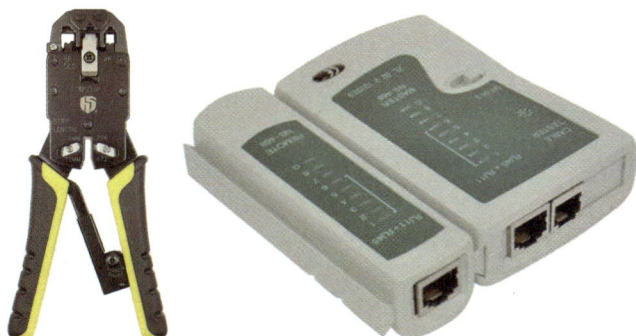

图 2-6　压线钳和测线仪

步骤 2　准备设备。 搭建小型网络系统需要用到的设备包括交接机、路由器，另外，因为需要制作网线，所以还需要准备双绞线和水晶头。

> **提示** 这里的压线钳主要在制作网线时使用。另外，在搭建小型网络系统的过程中还可能用到万用表，万用表用于快速判断网线是否畅通及确定网线线脚。

2．制作网线

准备好工具之后，就可以开始制作网线了，这里使用双绞线制作网线，并采用直接连接法连接双绞线和水晶头。

步骤 1 **剥去双绞线外层绝缘皮**。用压线钳上的剥线口夹断双绞线的外层绝缘皮，注意不要夹断内部的电缆。一只手按住双绞线的一端，另一只手剥去已经夹断的双绞线外层绝缘皮，如图 2-7 所示。

> 微课视频
> 制作网线

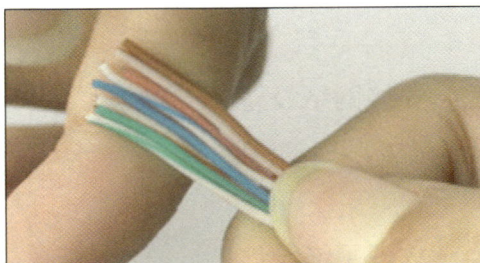

步骤 2 **排列双绞线线序**。剥去外层绝缘皮后，将 4 对双绞线分开拉直，按绿白、绿、橙白、蓝、蓝白、橙、棕白、棕的顺序将其排列整齐，如图 2-8 所示。

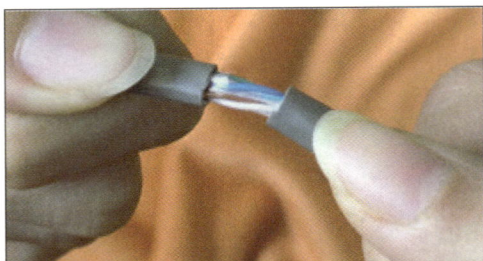

图 2-7　剥去双绞线外层绝缘皮　　　　图 2-8　排列双绞线线序

> **提示**　双绞线的线序标准有两种：EIA/TIA 568 A 和 EIA/TIA 568 B。EIA/TIA 568 A 线序为绿白、绿、橙白、蓝、蓝白、橙、棕白、棕；EIA/TIA 568 B 线序为橙白、橙、绿白、蓝、蓝白、绿、棕白、棕。

步骤 3 **修整线头**。将双绞线紧紧并列在一起，用压线钳的切线口切去多余的线头，留下的线的长度约为 15mm，这样刚好能全部插入水晶头中。

步骤 4 **连接双绞线与水晶头**。握住水晶头，将有弹片的一面朝下，带金属片的一面朝上，将双绞线的线头插入水晶头中，直到从侧面看线头全在金属片下，如图 2-9 所示。

步骤 5 **制作网线水晶头**。将水晶头放入压线钳的压线槽中并用力压下，将水晶头的 8 片金属片压下去，刺穿双绞线的八芯胶皮，并很好地接触，如图 2-10 所示。

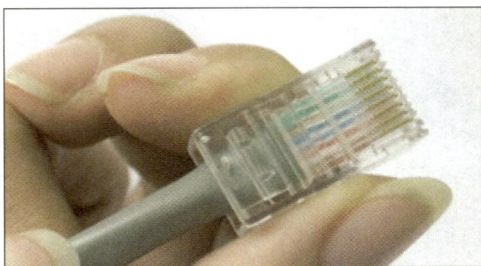

图 2-9　连接双绞线与水晶头　　　　图 2-10　制作网线水晶头

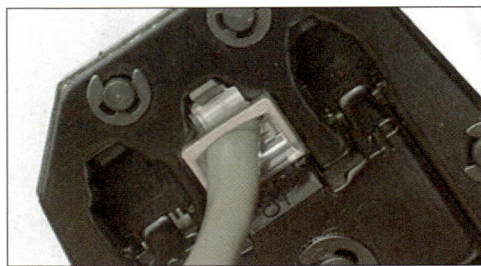

> **提示**　在压紧水晶头时，尽量将多余的外层绝缘皮反贴在水晶头中压紧，这样水晶头会更加牢固。

步骤 6 测试网线。用同样的方法制作双绞线的另一端。制作完成后，使用测线仪对双绞线进行测试。如果测试结果正常，则表示网线已经制作成功，否则需要重新制作。

> **提示**
>
> 使用双绞线制作网线有两种方法：一种是直接连接法，使用直接连接法制作的网线两端的水晶头中线序应该一致，同为 EIA/TIA 568 A 或同为 EIA/TIA 568 B；另一种是交叉连接法，使用交叉连接法制作的网线，一端的水晶头中的线序为 EIA/TIA 568 A，另一端水晶头中的线序则为 EIA/TIA 568 B。使用直接连接法和交叉连接法制作的网线适用的网络设备连接情况如表 2-4 所示。

表2-4 不同网线适用的网络设备连接情况

直接连接法制作的网线	交叉连接法制作的网线
1. 计算机——→路由器的 LAN 接口	1. 计算机——→计算机（对等网连接）
2. 计算机——→集线器	2. 路由器——→路由器
3. 计算机——→交换机	3. 交换机——→交换机

3. 连接网络设备

下面使用网线将计算机、交换机、路由器和调制解调器这些网络设备连接起来。

步骤 1 连接计算机。将制作好的网线一端的水晶头插入计算机的网卡接口。笔记本电脑使用无线网卡，虽然不需要连接网线，但需要通过启动按钮或组合键的方式启动无线网卡。

步骤 2 连接交换机。将连接好计算机的网线另一端的水晶头插入交换机的接口中。

步骤 3 连接路由器。将一条网线一端的水晶头插入交换机的接口中，将其另一端的水晶头插入路由器的 LAN 接口中，如图 2-11 所示。

步骤 4 连接调制解调器。将一条网线一端的水晶头插入路由器的 WAN 接口中，将其另一端的水晶头插入调制解调器（通常是 ADSL Modem）的网口接口（LAN 接口）中，如图 2-12 所示。

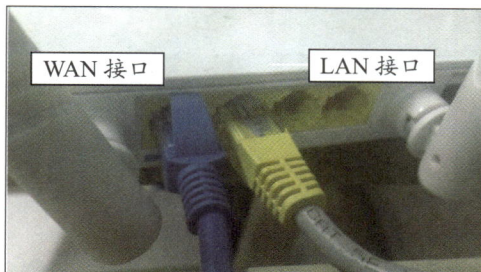

图 2-11 连接路由器

图 2-12 连接调制解调器

> **提示**
>
> 交换机通常有多个接口，可以直接用于连接其他网络设备。路由器则有 WAN 接口和 LAN 接口两种接口，WAN 接口用于连接调制解调器，LAN 接口用于连接其他网络设备。调制解调器则通常有多个网口接口，可以直接用于连接路由器、交换机和计算机。

资源链接

调制解调器、路由器、集线器和交换机这些网络设备也需要进行安装，方法通常就是将其通电开机。但为了保证这些设备正常工作，必须采取正确的安装步骤。参见配套资源中的"电子活页"文档内容，查看这些设备的安装步骤。

电子活页

网络设备安装步骤

4. 配置计算机的有线网络

配置计算机的有线网络有两个重要步骤，一是为路由器设置 ADSL 拨号连接，二是为每台计算机设置单独的 IP 地址。

微课视频

配置计算机的有线网络

步骤1　进入路由器设置界面。 连接好网络设备之后，打开浏览器，在地址栏中输入"192.168.0.1"或者路由器网址（可以通过查看路由器的用户手册获得），按【Enter】键进入路由器的设置界面。

步骤2　设置管理员密码。 打开"创建管理员密码"界面，在"设置密码""确认密码"文本框中输入相同的密码，该密码用于登录路由器管理界面，如图 2-13 所示。

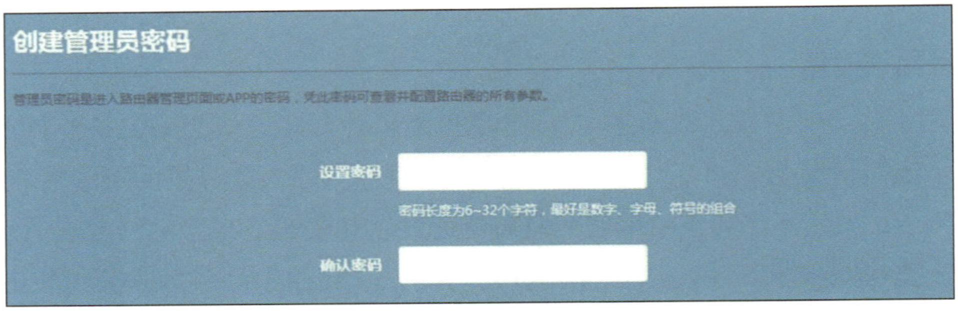

图 2-13　设置管理员密码

步骤3　选择上网方式。 登录到路由器，打开"上网设置"界面，这时路由器会自动检测上网方式，通常 ADSL 用户需要选择"宽带拨号上网"、"PPPoE(ADSL 虚拟拨号)"或"让路由器自动选择上网方式"等方式。

步骤4　输入上网账号和密码。 在"宽带账号""宽带密码"文本框中输入 ADSL 的账号和密码，如图 2-14 所示。

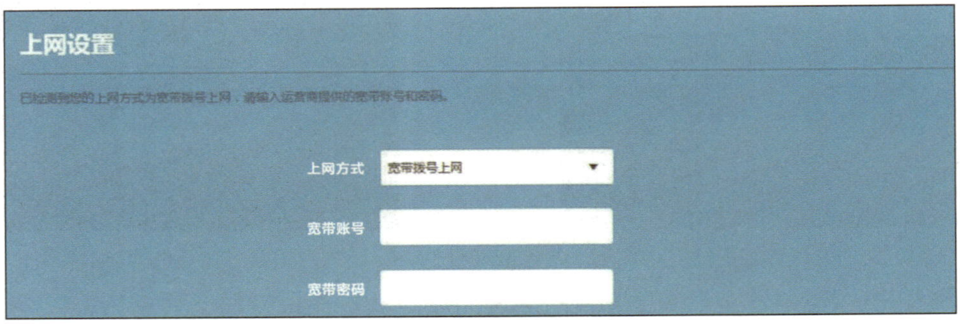

图 2-14　输入上网账号和密码

步骤5　设置路由器的 IP 地址。 设置路由器的 IP 地址时，"上网方式"通常设置为"自动获得 IP 地址"，如图 2-15 所示。

图 2-15　设置路由器的 IP 地址

> **提示**　不同品牌的路由器设置 ADSL 拨号连接的方法和设置界面不同，但通常都有打开设置界面、填写账号和密码这两个步骤。

步骤 6　完成路由器设置。 在确认以上设置无误的情况下，保存设置并退出路由器设置界面。

步骤 7　选择网络设置操作。 在 Windows 10 操作系统界面右下角的"网络"图标 📭 上单击鼠标右键，在弹出的快捷菜单中选择"打开'网络和 Internet'设置"命令。

步骤 8　打开网络和共享中心。 打开"网络和共享中心"窗口，在"查看活动网络"栏中单击"以太网"链接，如图 2-16 所示。

步骤 9　查看以太网的状态。 打开"以太网 状态"对话框，单击"属性"按钮，如图 2-17 所示。

图 2-16　打开网络和共享中心

图 2-17　查看以太网的状态

步骤 10　选择 Internet 协议版本。 打开"以太网 属性"对话框，在"此连接使用下列项目"列表框中选择"Internet 协议版本 4(TCP/IPv4)"选项，单击"属性"按钮，如图 2-18 所示。

步骤 11　设置 IP 地址。 打开"Internet 协议版本 4(TCP/IPv4) 属性"对话框，选中"使用下面的 IP 地址"单选项，在"IP 地址"文本框中为计算机设置一个 IP 地址，然后设置"子网掩码""默认网关""首选 DNS 服务器"，单击"确定"按钮，如图 2-19 所示。

图 2-18　选择 Internet 协议版本

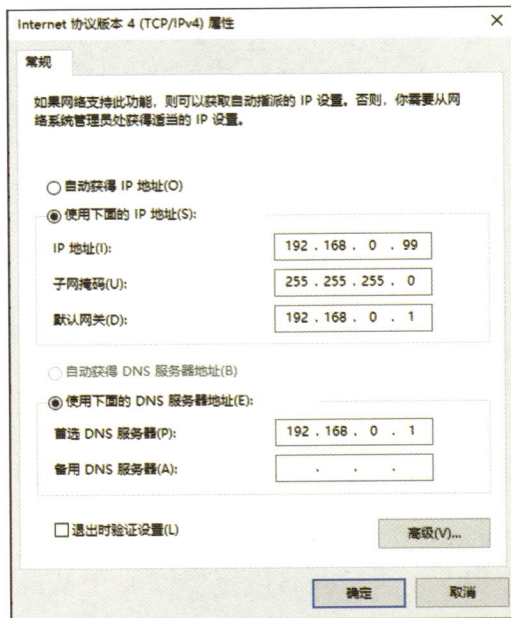

图 2-19　设置 IP 地址

资源链接

通常在小型网络系统中，所有网络设备都会使用同一 IP 网络，参见配套资源中的"电子活页"文档内容，通过具体的实例学习 IP 网络的规划和设计，进一步了解小型网络中 IP 地址的分配方法。

电子活页

IP 网络的规划和设计

5. 配置计算机的无线网络

配置计算机的无线网络也有两个重要步骤，一是打开路由器的无线功能并进行设置，二是为每台笔记本电脑设置单独的 IP 地址。

步骤1　进入路由器设置界面。 连接好路由器之后，打开浏览器，在地址栏中输入"192.168.0.1"或者路由器网址，按【Enter】键打开路由器的登录界面，在"密码"文本框中输入设置的管理员密码，单击"确定"按钮进入路由器设置界面。

步骤2　设置无线网络。 在路由器设置界面中选择与无线网络设置相关的选项，进入无线网络设置界面，开启路由器的无线功能，并设置无线网络的名称和密码，如图 2-20 所示。然后保存设置，退出路由器设置界面。

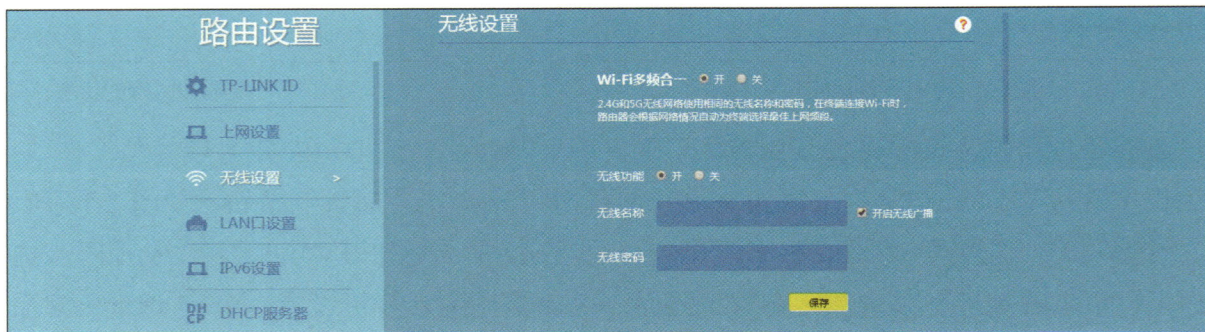

图 2-20　设置无线网络

步骤 3 **设置笔记本电脑的 IP 地址。**在笔记本电脑中打开"网络和共享中心"窗口,在"查看活动网络"栏中单击无线网络对应的链接,如图 2-21 所示。打开其状态对话框,其他操作与设置普通计算机的 IP 地址完全相同,然后为笔记本电脑设置与其他网络设置完全不同,但在同一 IP 网络内的 IP 地址。

图 2-21 笔记本电脑的"网络和共享中心"窗口

（1）小组成员使用计算机打开自己宿舍的路由器设置界面,查看该路由器的 IP 地址。

（2）小组成员在自己宿舍中组建一个局域网,并为每台计算机设置 IP 地址。

课堂笔记

任务 3 配置网络功能服务

在搭建的小型网络系统中，可能需要配置一些特殊的功能服务。例如，办公网络需要安装和设置防火墙，学校网络需要限制每台计算机的网速、上网时间和网站访问权限等。

1. 启用和配置防火墙

在 Windows 操作系统中，默认为所有网络启用 Windows 防火墙。Windows 防火墙有助于保护计算机，阻止未授权用户通过网络获得对计算机的访问权限。

步骤 1　打开"Windows Defender 防火墙"窗口。打开"控制面板"窗口，单击"系统和安全"链接，打开"系统和安全"窗口，单击"Windows Defender 防火墙"链接，打开"Windows Defender 防火墙"窗口，如图 2-22 所示。

图 2-22　打开"Windows Defender 防火墙"窗口

步骤 2　启用 Windows Defender 防火墙。在左侧的任务窗格中单击"启用或关闭 Windows Defender 防火墙"链接，打开"自定义设置"窗口，在"专用网络设置"栏中选中"启用 Windows Defender 防火墙"单选项，单击"确定"按钮，如图 2-23 所示。

图 2-23　启用 Windows Defender 防火墙

步骤 3　删除规则。返回"Windows Defender 防火墙"窗口，在左侧的任务窗格中单击"高级设置"链接，打开"高级安全 Windows Defender 防火墙"窗口。在该窗口左侧的任务窗格中选择"入站规则"选项，在中间的"入站规则"任务窗格中将显示所有对应的规则，在右侧的"操作"任务窗格中选择"删除"选项，在弹出的提示框中单击"是"按钮，如图 2-24 所示，即可将选择的入站规则删除，从而不允许对应的程序或者端口进行连接。

图 2-24　删除规则

> 入站就是外部程序或端口通过网络访问计算机，出站则是计算机通过网络访问外部的程序或端口。在"高级安全 Windows Defender 防火墙"窗口右侧的"操作"任务窗格中选择"属性"选项，可以打开规则的属性对话框，设置规则的"程序和服务""端口和协议""作用域"等。

步骤 4　新建入站规则。在"高级安全 Windows Defender 防火墙"窗口右侧的"操作"任务窗格中选择"新建规则"选项，打开"新建入站规则向导"对话框，如图 2-25 所示，可按照选择规则类型、设置具体程序、设置规则操作、设置配置文件和设置规则名称的步骤来新建一项防火墙规则。

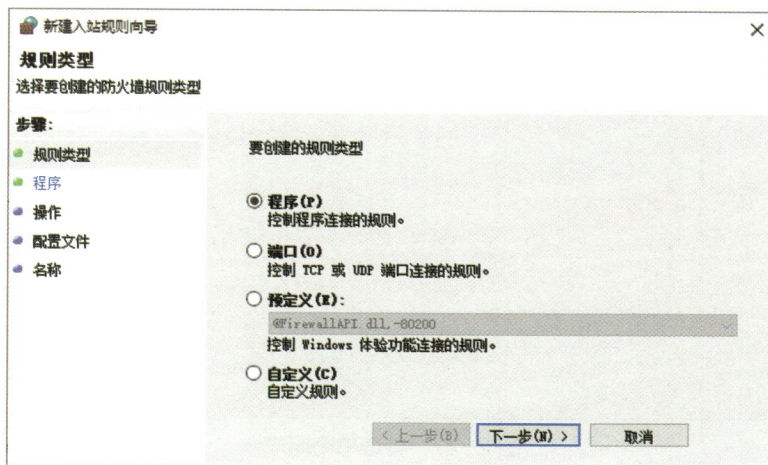

图 2-25　新建入站规则

2. 网络限制

网络限制主要是指通过设置网络中的网速、上网时间和访问网站权限等项目来控制和管理小型网络系统中的各个用户。使用专业的网络管理软件或设置路由器都可以实现网络限制。

步骤 1　管理网络系统。进入路由器设置界面，打开其设备管理窗口，可以对具体某个用户的网络进行禁用，或者设置所有用户的上网时间和可以访问的网站，如图 2-26 所示。

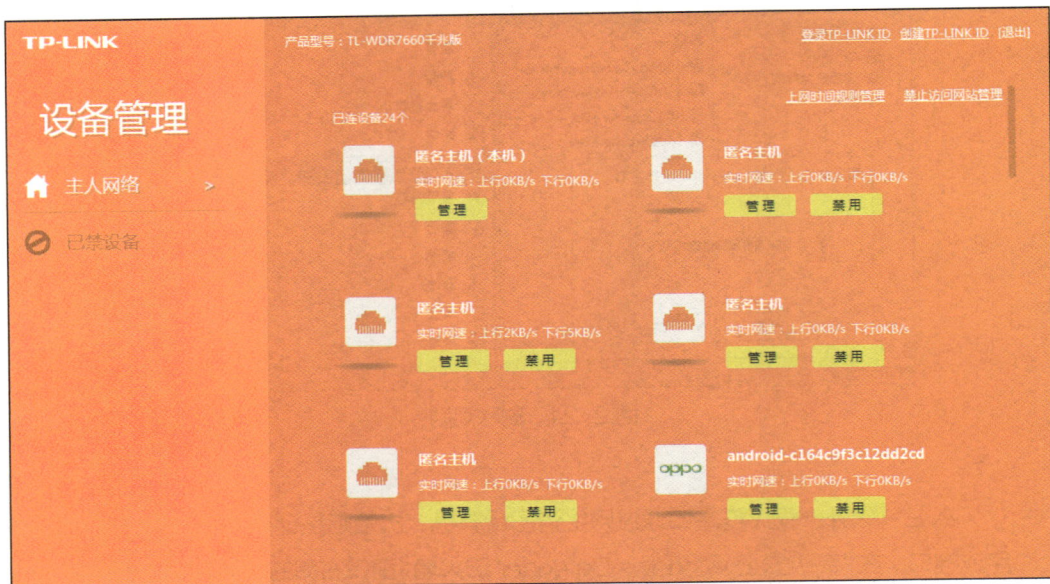

图 2-26　管理网络系统

步骤 2　管理单个用户。选择某个用户后可以进入其管理窗口，通过设置上传速度和下载速度来限制网速，也可以通过设置"添加允许上网时间段"和"添加禁止访问的网站"等来限制该用户的上网时间和网站访问权限，如图 2-27 所示。

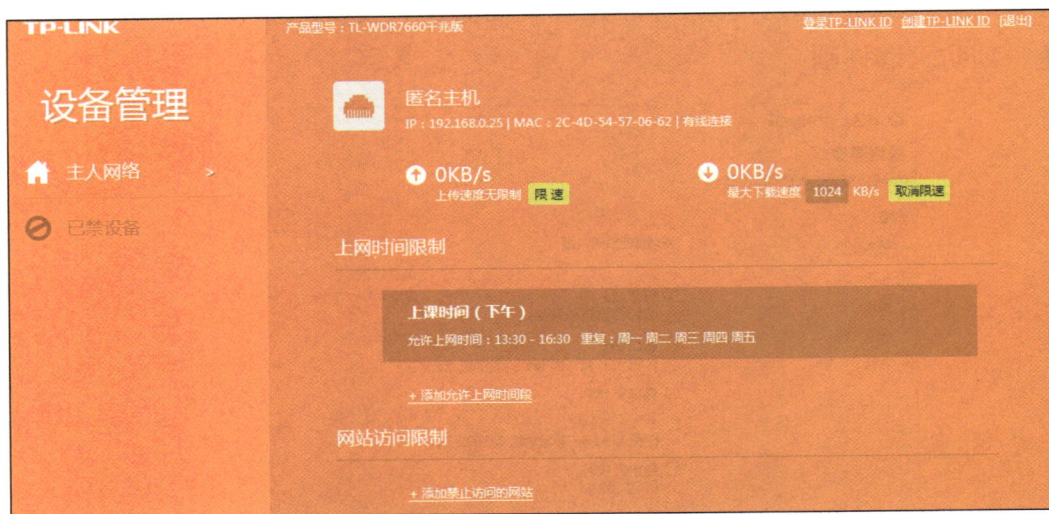

图 2-27　管理单个用户

任务 4 搭建物联网模块

信息社会正在从互联网时代向物联网时代发展。物联网是一个基于互联网、传统电信网等信息承载体，让所有能够被独立寻址的普通物理对象实现互联互通的网络。简单来说，物联网就是把所有物品通过信息传感设备与互联网连接起来，进行信息交换，以实现智能化识别和管理的网络。在小型网络系统中搭建物联网模块可以实现多个领域的智能化应用。例如，在家庭网络中通过互联网将计算机、手机、空调、电视、音箱、吸尘器、窗帘、灯、各种厨房电器等连接起来，通过计算机或手机进行日常控制和使用，这就是物联网模块的家庭应用，也被称为智能家居，如图 2-28 所示。

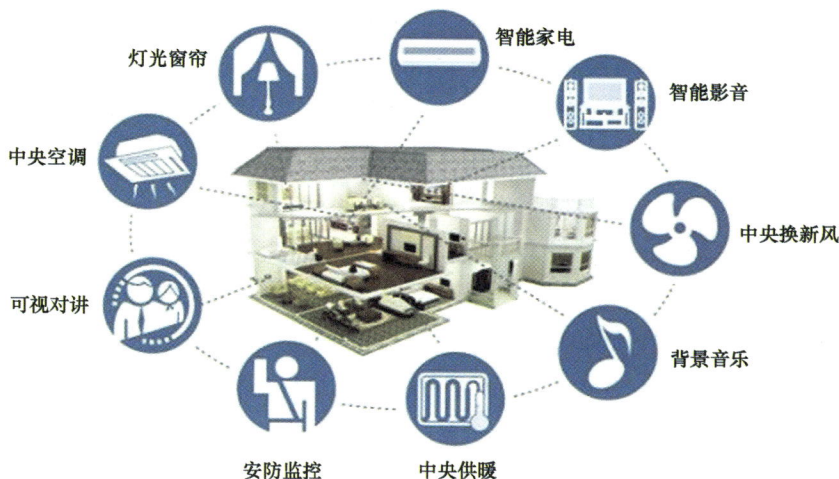

图 2-28　智能家居

> **资源链接**
>
> 随着互联网技术和通信技术的快速发展，物联网已经和人们的生活紧密地联系在一起，众多的物联网模块足以满足人们日常生活中的多样化需求。具体参见配套资源中的"电子活页"文档内容，了解物联网的日常应用。
>
> 电子活页
>
> 物联网的日常应用

智能家居是最受欢迎的物联网应用之一，是指在家庭局域网的基础上搭建由智能家电物联网模块、智能影音物联网模块、中央空调物联网模块和安防监控物联网模块等组合而成的小型网络系统。下面就以搭建智能家居的智能家电物联网模块为例进行介绍，该搭建过程通常分为以下几个步骤。

步骤 1　搭建小型无线局域网。在家中搭建一个小型无线局域网的主要设备为一台无线路由器。配置无线路由器，使其连接到互联网，并设置无线路由器的登录密码。

步骤 2　将控制端连接到局域网。进入控制端的操作界面，连接局域网。在手机中找到"无线局域网"选项，然后进入无线局域网设置界面。在网络列表中选择已经搭建好的无线局域网，输入设置好的登录密码，加入该局域网，如图 2-29 所示。

步骤 3　在控制端下载和安装控制程序。在控制端通过网络下载并安装各种智能设备的控制程序。这里在手机中下载并安装各种智能设备对应的 App，如图 2-30 所示。

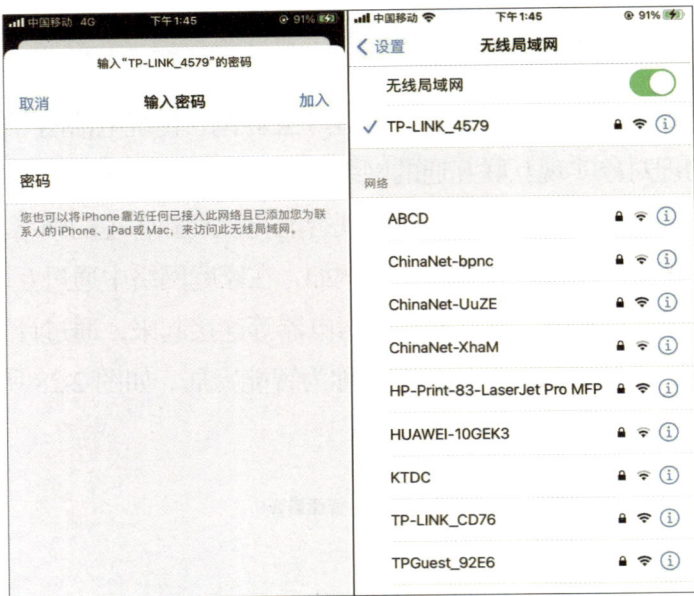

图 2-29　手机连接局域网

图 2-30　安装控制程序

步骤 4　在控制端连接智能设备。 启动智能设备，并在控制端启动控制程序，将控制程序与智能设备进行匹配连接（通常可以通过蓝牙设备进行连接），在控制程序中查找无线局域网，并输入密码将智能设备连接到无线局域网中，这样即可通过控制程序对智能设备进行控制和管理。图 2-31 所示是利用手机连接并控制客厅空气净化器的主要过程。

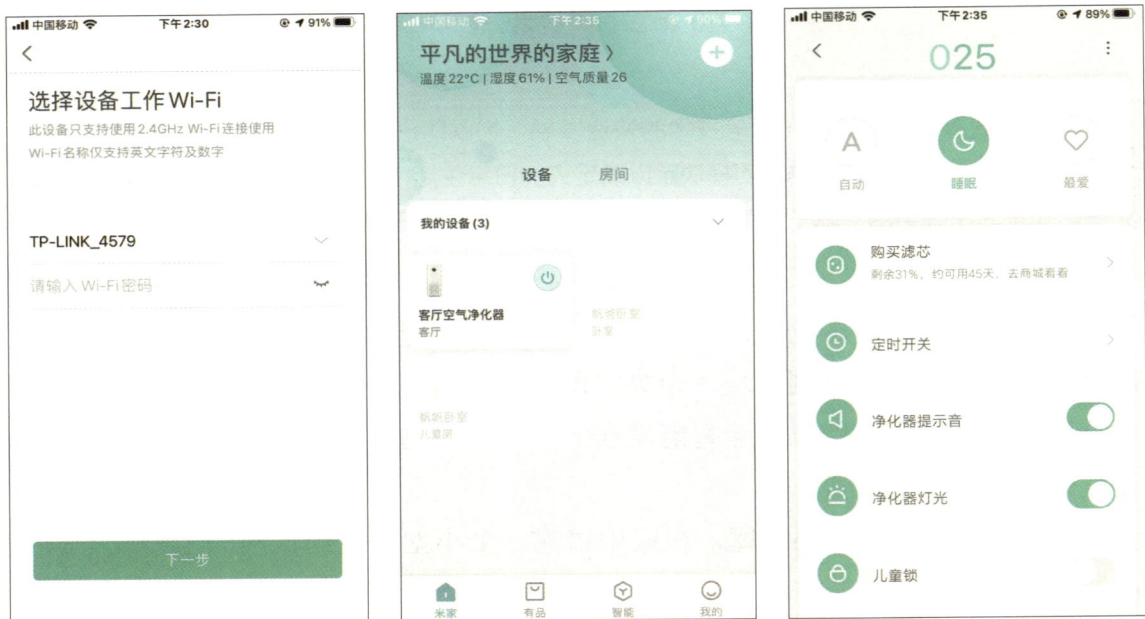

图 2-31　利用手机连接并控制客厅空气净化器

课堂笔记

任务 **5** 测试网络性能

网络性能包括网络可用性、响应时间和带宽容量等，通常可以利用 Windows 操作系统中自带的系统工具和一些常见的宽带测试工具进行网络性能的测试。

1. 使用 Windows 操作系统自带的系统工具测试网络性能

在 Windows 操作系统中，可以利用 ping 命令测试网络性能。

步骤 1　运行系统工具。 按【Windows+R】组合键，打开"运行"对话框，在"打开"下拉列表框中输入"cmd"，单击"确定"按钮，如图 2-32 所示。

步骤 2　测试网络性能。 打开 cmd 工具的管理员窗口，在命令提示符位置输入"ping 192.168.0.1"，按【Enter】键。窗口中将显示该网络是否能正常通信，路径是否可达，如图 2-33 所示。结果显示"来自 192.168.0.1 的回复：字节 =32 时间 < 1ms TTL=64"，该结果表示收到了 192.168.0.1 的回复包，说明目标网络连通可用。

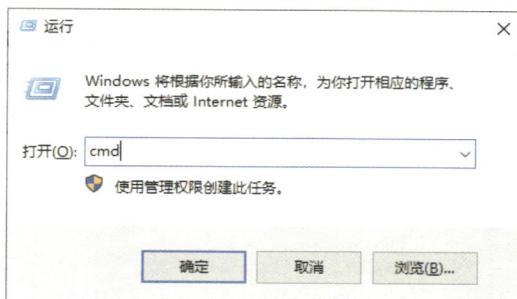

> 微课视频
>
> 使用 Windows 自带的工具测试网络性能

图 2-32　运行系统工具

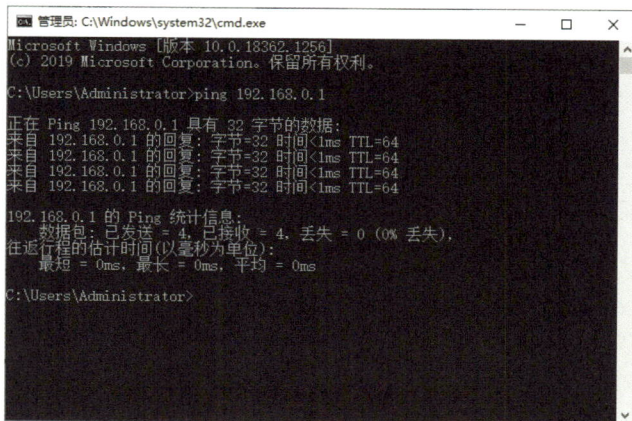

图 2-33　测试网络性能

> **提示**
>
> 测试网络性能时，若显示"无法访问目标主机"，则表示网络中可能没有相应 IP 地址，如图 2-34 所示；若显示"请求超时"，则表示网络中存在相应 IP 地址，但网络不通或者对方已关机，如图 2-35 所示。

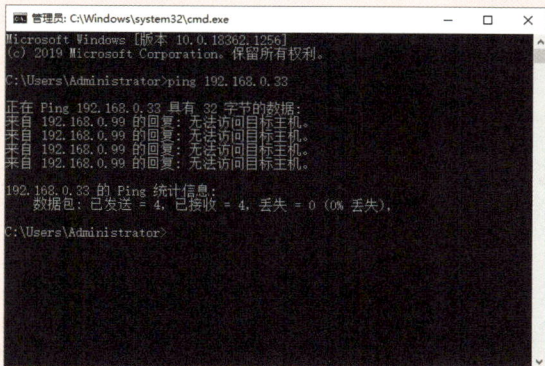

图 2-34　网络中没有相应 IP 地址

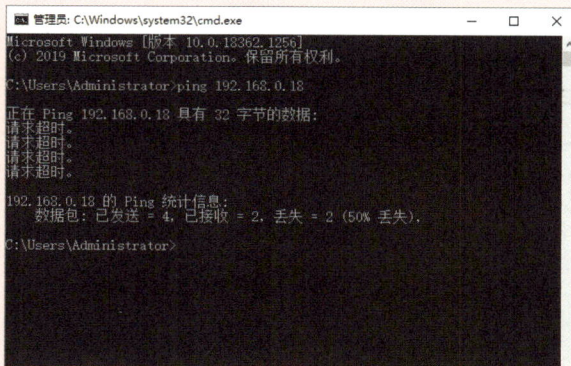

图 2-35　网络不通或对方已关机

> **提示**
>
> 当测试不同网络时，可以考虑以下因素：网络参数配置是否正确，网线和网卡之间的连接是否松动，网线是否连通，网线和集线器、交换机或路由器之间的连接是否松动，集线器、交换机或路由器的端口是否正常，网卡是否被禁用，对应 IP 地址的计算机的防火墙是否设置为"禁止 ping 入"等。

2．使用宽带测试工具测试网络性能

宽带测试工具是一些专门用于测试网络接入速度的软件和程序，使用这种测试工具，可以测试出当前网络到宽带运营商机房的接入速度。如果本计算机的网络硬件连接，或连接到互联网中的所有网络硬件连接的某处出现问题，都可能影响宽带测试工具的测试结果。

步骤 1　运行宽带测速器。在 360 安全卫士的主界面中找到并启动宽带测试器程序，将打开"360 宽带测速器"对话框，并自动进行宽带测速，如图 2-36 所示。

步骤 2　测试网络性能。测试完成后，将在对话框中显示测速结果，如图 2-37 所示。另外还能对网页网站的打开速度，以及不同地区不同运营商的网速进行测试。

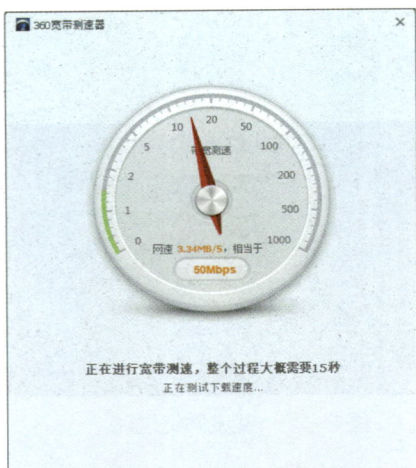

图 2-36　测试宽带网速

图 2-37　显示测速结果

> **提示**
>
> 很多路由器的设置管理程序也具备网络性能测试功能，可以测试宽带的网速并实时监控局域网中每台计算机的上传速度和下载速度。

> **小组交流**
>
> （1）小组成员利用 ping 命令测试网络性能。
>
> （2）小组成员使用 360 宽带测速器分别测试自己宿舍和家里的宽带网速。

课堂笔记

任务 6 安装云服务器

通常可以将云服务器看成在网络中模拟的一台计算机,在计算机中安装云服务器就像安装虚拟机,在云服务器里安装各种程序和软件的操作与在 Windows 操作系统中的操作一样。云服务器的主要功能如下。

- 为用户提供与 Windows 操作系统一样体验的云盘或网盘。
- 完全支持个性化的配置和管理,能够安全存储多种数据信息。
- 支持多种格式文件的在线预览、编辑和播放。
- 内置多款应用软件,也可安装外部插件,满足用户的多种操作需求。
- 支持文件的分享,并能实现文件编辑的高效协作和数据的高效管控,满足日常办公需求。
- 支持通过网络实现全平台客户端覆盖、随时随地访问、轻松同步挂载。

提示　云盘把文件存储在网络中,不占用本地计算机的存储空间,使用文件时需要将文件从云盘下载到本地计算机中。网盘则是网络服务商将其服务器的硬盘或硬盘阵列中的一部分容量分给用户使用,其传输速度和存储能力都不如云盘。

云服务器通常由专业的服务商提供给个人或企业付费使用,常用的云服务器包括阿里云、华为云、Seafile、ownCloud 和可道云等。这些云服务器支持的操作系统不同,所以安装的方式也会有差别,下面就以安装可道云为例进行介绍。

步骤 1　下载安装程序。打开可道云的官方网站,进入云服务器的下载网页,选择计算机端的 Windows 版的下载选项,单击"下载"按钮下载安装程序。

步骤 2　安装云服务器的客户端。双击下载的安装程序,打开安装向导,按照向导的指引安装云服务器的客户端,如图 2-38 所示。

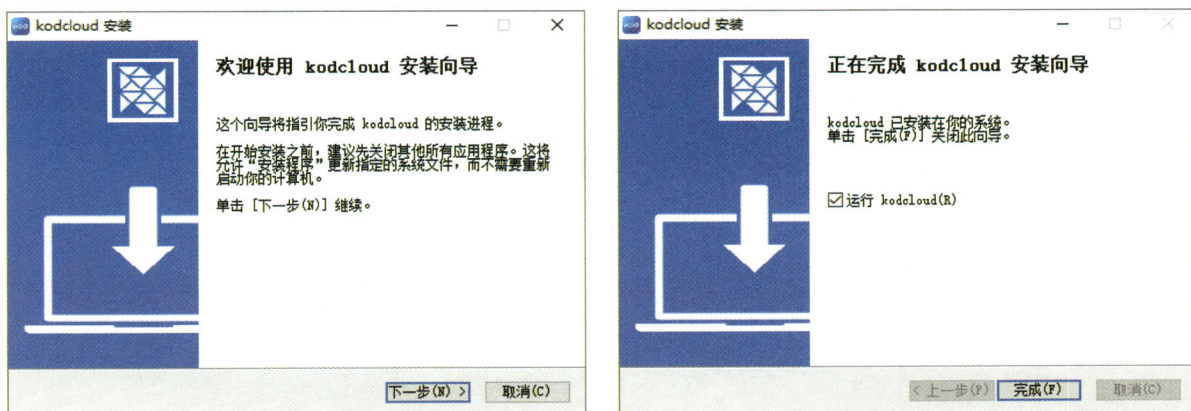

图 2-38　安装云服务器的客户端

步骤 3　用户注册。在可道云的官方网站中进行用户注册,可以选择个人用户或企业用户,并且可以选择不同的费用标准进行付费使用。

步骤 4　登录云服务器。 在计算机中找到安装好的云服务器客户端，双击启动，输入账号和密码，单击"登录"按钮，如图 2-39 所示。

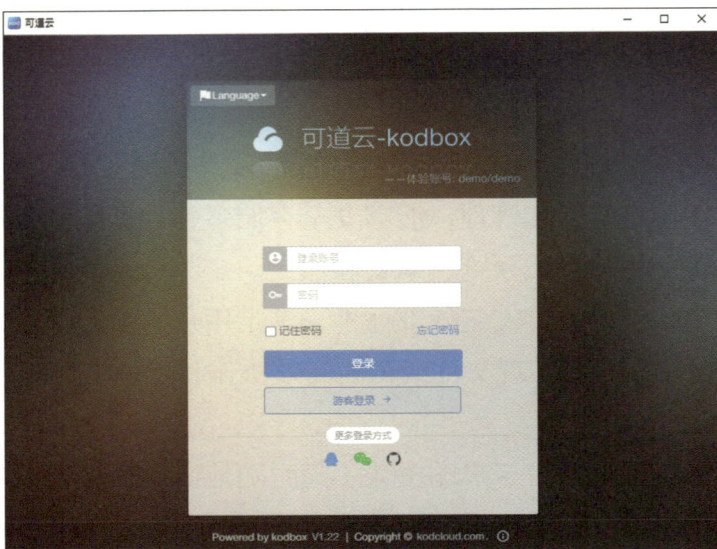

图 2-39　云服务器登录界面

步骤 5　进入云服务器的操作界面。 打开云服务器的操作界面，如图 2-40 所示，在其中即可进行相关的操作。

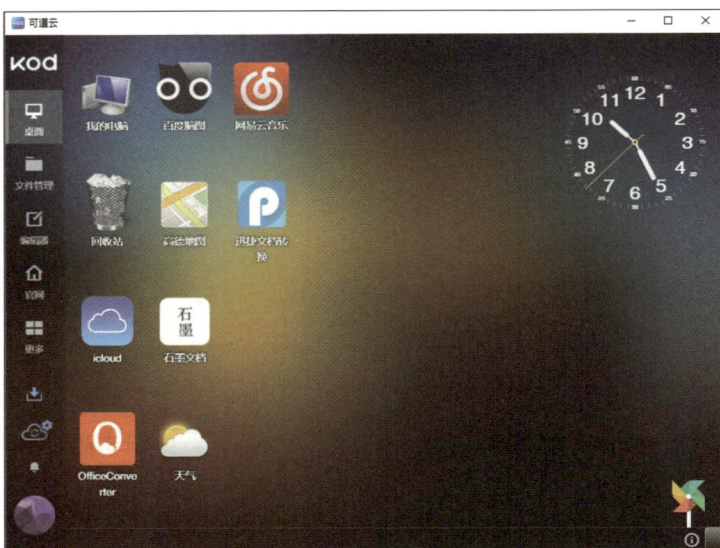

图 2-40　云服务器操作界面

> **提示**　　进入云服务器的操作界面后，就可以用与 Windows 操作系统相同的操作来对云服务器进行日常使用。例如，双击"我的电脑"图标，打开"个人空间"窗口，在其中选择一个文件夹，单击"上传"按钮，在打开的"多文件上传"对话框中单击"选择文件"按钮，在打开的对话框中选择本地计算机中的文件，将其上传到云服务器中，在云服务器中双击上传的文件，即可在本地计算机中打开并编辑该文件，编辑完成后该文件将自动上传并保存到云服务器中，如图 2-41 所示。

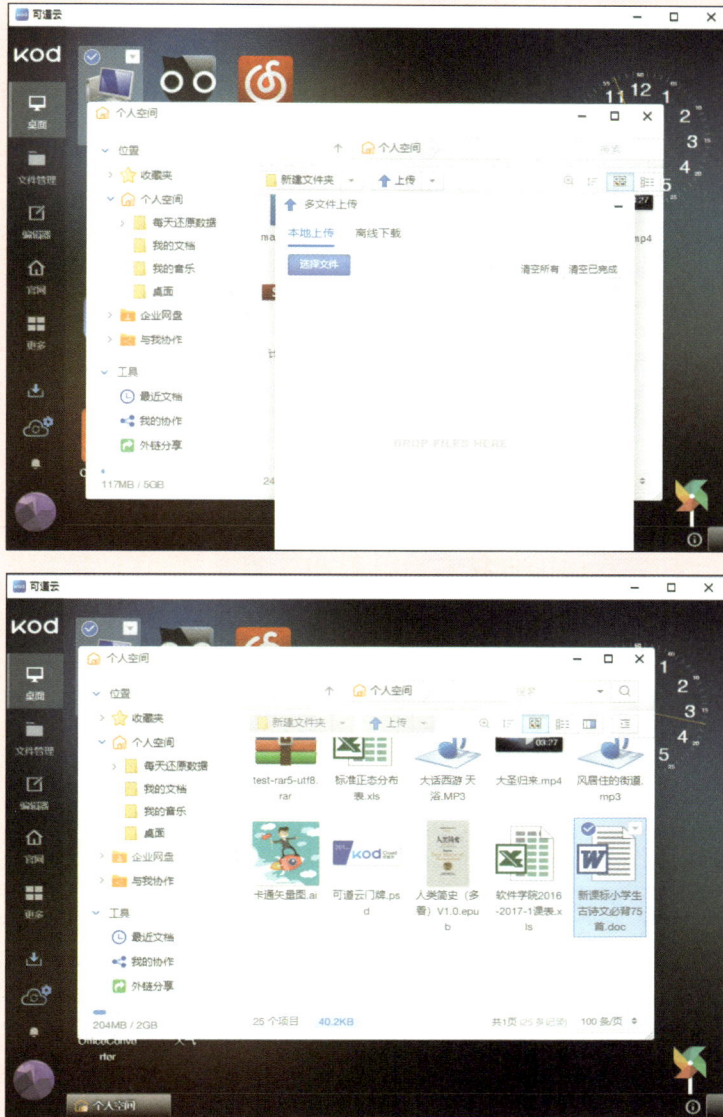

图 2-41　应用云服务器

小组交流

（1）小组成员在计算机中安装可道云，并在其中上传和编辑 Excel 文件。

（2）小组成员试着学习和安装 Seafile，并在其中上传和编辑 PowerPoint 文件。

课堂笔记

任务 **7** 配置远程操作环境

当计算机出现了某些问题或者某些软件的操作出现了问题，通常可以由专业人士通过网络使用远程协助功能或者某些第三方远程控制软件控制、操作该计算机来解决。在使用这种方式解决问题前，需要配置计算机的远程操作环境。

微课视频

配置远程操作环境

步骤1　打开"系统"窗口。 选择"开始"/"Windows 系统"/"控制面板"选项，打开"控制面板"窗口，单击"系统和安全"链接，打开"系统和安全"窗口，单击"系统"链接，打开"系统"窗口，如图 2-42 所示。在窗口左侧的任务窗格中单击"远程设置"链接。

步骤2　配置远程操作环境。 打开"系统属性"对话框，单击"远程"选项卡，在"远程协助"栏中勾选"允许远程协助连接这台计算机"复选框，在"远程桌面"栏中选中"允许远程连接到此计算机"单选项，单击"确定"按钮，如图 2-43 所示。

图 2-42　打开"系统"窗口　　　　图 2-43　配置远程操作环境

提示　很多计算机在选中"允许远程连接到此计算机"单选项后，会弹出图 2-44 所示的提示框，提示计算机可能无法进行远程连接。这时直接单击提示框中的"电源选项"链接，打开"电源选项"窗口，在左侧的任务窗格中单击"更改计算机睡眠时间"链接，打开"编辑计划设置"窗口，在"使计算机进入睡眠状态"下拉列表中选择"从不"选项，单击"保存修改"按钮，如图 2-45 所示。返回"系统属性"对话框的"远程"选项卡，即可继续配置远程操作环境。

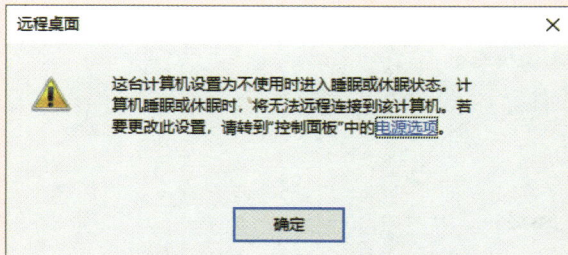

图 2-44 提示框

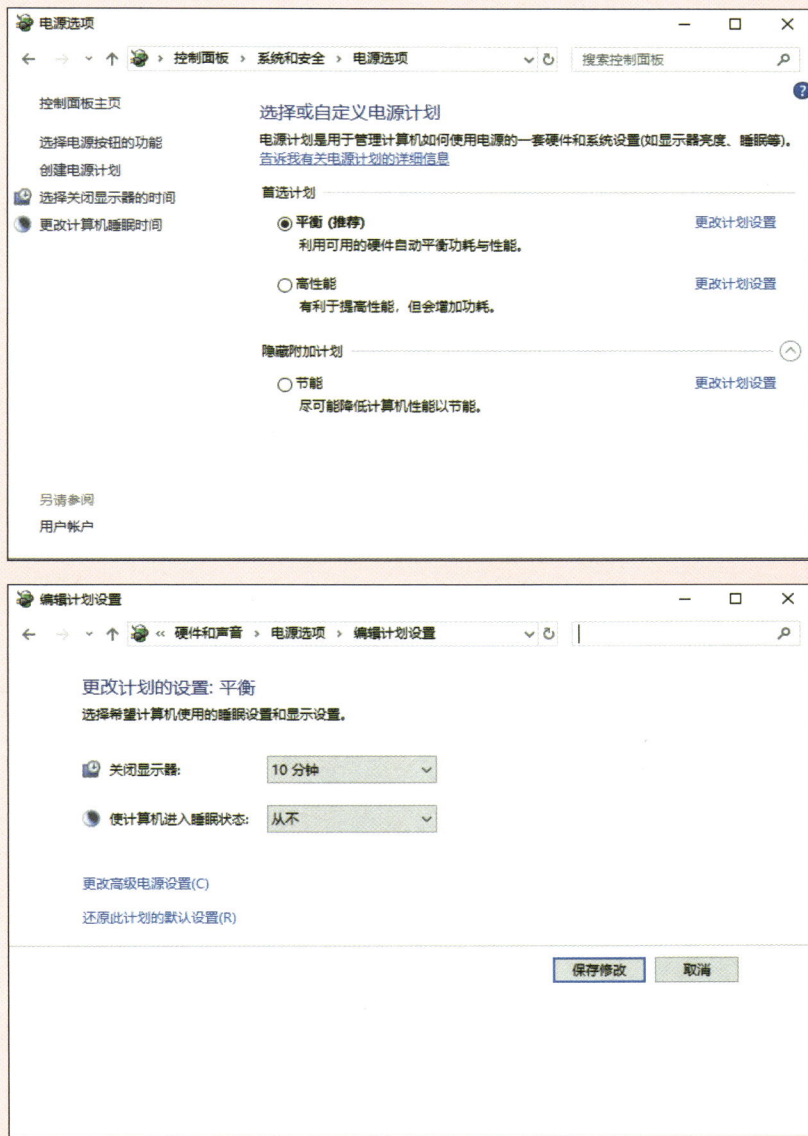

图 2-45 设置电源选项

步骤 3　查看远程计算机的 IP 地址。 在完成远程操作配置后，需要测试其他计算机能否对该计算机进行远程操作。通过前面设置 IP 地址的方法查看该计算机的 IP 地址。

步骤 4　开始远程连接。 在另外一台计算机中选择"开始"/"Windows 附件"/"远程桌面连接"选项，打开"远程桌面连接"对话框，在"计算机"文本框中输入远程计算机的 IP 地址，单击"连接"按钮，如图 2-46 所示。

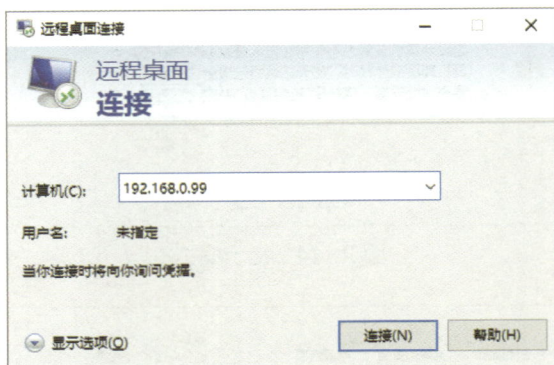

图 2-46　远程桌面连接

步骤 5　登录远程计算机。系统将通过网络连接远程计算机，打开该计算机的登录界面，选择需要登录的账户并输入相应的登录密码，即可打开远程计算机的操作界面，如图 2-47 所示。在该界面中可以远程控制该计算机，实现与本地计算机中完全一致的操作。

图 2-47　登录远程计算机

提示　　配置远程操作环境时只有基于同一小型网络系统才能实现，例如，学校宿舍的局域网，企业使用无线路由器或交换机组成的局域网等。

资源链接　　如果按照以上步骤操作后仍然无法远程连接使用 Windows 10 操作系统的计算机，则可以参考配套资源中的"电子活页"文档内容，按照其中的步骤逐项检查设置，然后再次远程连接和登录计算机。

电子活页

远程连接设置

任务 8 安装和配置云文件共享服务

小型网络系统经常需要通过共享文件夹或者共享打印机的方式来提供多人协同工作的应用服务。

1. 设置共享文件夹

步骤 1　打开"高级共享设置"窗口。选择"开始"/"Windows 系统"/"控制面板"选项，打开"控制面板"窗口，在"网络和 Internet"栏中单击"查看网络状态和任务"链接，打开"网络和共享中心"窗口，在左侧的任务窗格中单击"更改高级共享设置"链接，打开"高级共享设置"窗口。

微课视频

设置共享
文件夹

步骤 2　配置 Windows 10 操作系统的高级共享设置。在"网络发现"栏中，选中"启用网络发现"单选项；在"文件和打印机共享"栏中，选中"启用文件和打印机共享"单选项；展开"所有网络"选项，在"公用文件夹共享"栏中，选中"启用共享以便可以访问网络的用户可以读取和写入公用文件夹中的文件"单选项；在"文件共享连接"栏中，选中"使用 128 位加密帮助保护文件共享连接（推荐）"单选项；在"密码保护的共享"栏中，选中"无密码保护的共享"单选项，如图 2-48 所示。

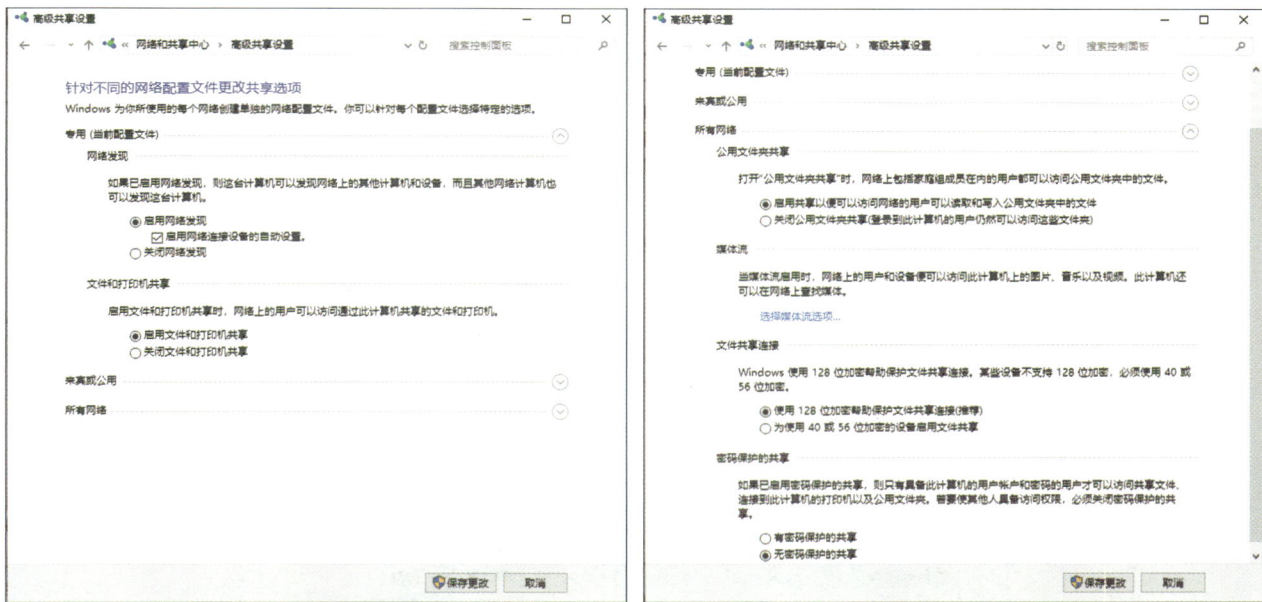

图 2-48　配置 Windows 10 操作系统的高级共享设置

步骤 3　打开共享文件夹的属性对话框。在需要共享的文件夹上单击鼠标右键，在弹出的快捷菜单中选择"属性"选项，打开该文件夹的属性对话框，单击"共享"选项卡，在"网络文件和文件夹共享"栏中单击"共享"按钮，如图 2-49 所示。

步骤 4　设置共享的用户。打开"网络访问"对话框，选择要与其共享的用户，在下面的下拉列表中选择"Everyone"选项，单击"添加"按钮，如图 2-50 所示。

> **提示**　在需要共享的文件夹上单击鼠标右键，在弹出的快捷菜单中选择"共享"/"特定用户"选项，也可以打开"网络访问"对话框。

图 2-49　共享文件夹的属性对话框

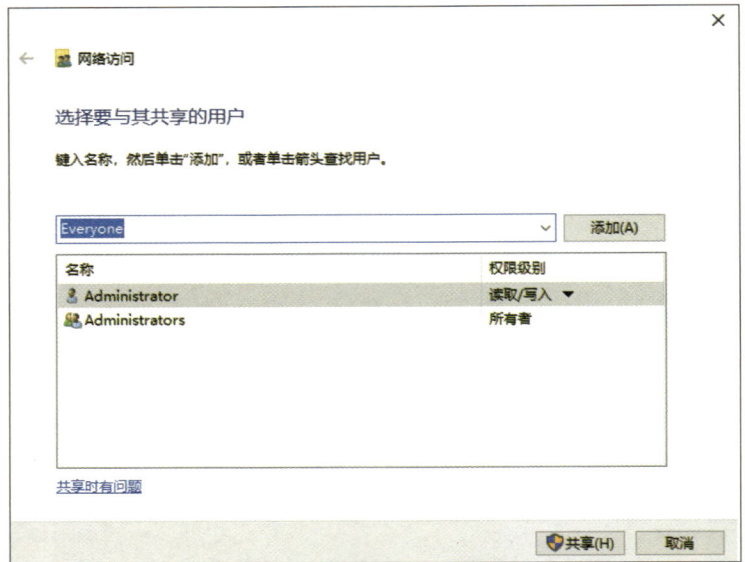

图 2-50　设置共享的用户

步骤 5　设置用户权限。 在下面的列表框中单击"Everyone"选项右侧的下拉按钮，在弹出的下拉列表中选择"读取 / 写入"选项，单击"共享"按钮，如图 2-51 所示。

图 2-51　设置用户权限

步骤 6　完成文件夹共享。 Windows 10 操作系统开始共享该文件夹，稍等片刻，系统将提示文件夹已共享，单击"完成"按钮，如图 2-52 所示，完成文件夹共享。

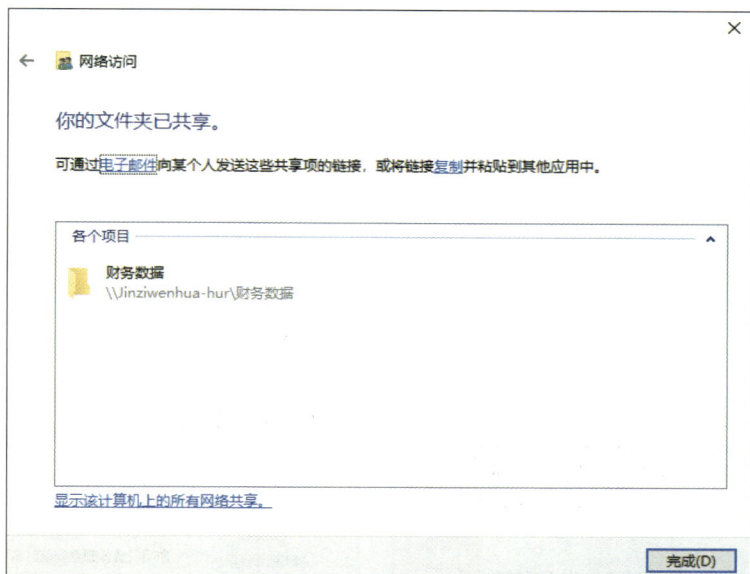

图 2-52　完成文件夹共享

> **提示**
>
> 　　网络中的其他用户访问并编辑共享文件夹通常有两种方式：一种是双击"网络"图标，在打开的"网络"窗口中找到共享文件夹的计算机图标，双击该计算机图标，即可在打开的窗口中看到所有共享的文件和文件夹；另一种是按【Windows+R】组合键，打开"运行"对话框，在"打开"文本框中输入设置了共享文件夹的计算机的 IP 地址，单击"确定"按钮，在打开的窗口中同样可以看到所有共享的文件和文件夹。

> **小组交流**
>
> 　　（1）小组成员在自己的计算机中设置一个共享文件夹，并设置不同的权限。
> 　　（2）小组成员试着访问和编辑其他成员计算机共享文件夹中的文件。

2. 设置共享连接在路由器上的打印机

　　共享连接在路由器上的打印机是目前很常用的一种小型网络共享服务，其设置非常简便，但需要打印机具备网络功能。

　　步骤 1　连接打印机并设置固定的 IP 地址。通过网线将打印机连接到路由器的 LAN 接口。启动打印机，按照说明书的介绍，直接在打印机上操作，并为其设置一个 IP 地址（如果打印机设置为自动获取 IP 地址，则每次启动时其 IP 地址会自动重新分配，小型网络系统中的其他设备都需要重新连接打印机，所以最好为打印机设置一个固定的 IP 地址）。

　　步骤 2　安装并启动打印机的驱动程序。从打印机的官方网站下载该型号打印机的驱

> 微课视频
>
> 设置共享连接在路由器上的打印机

动程序，启动该驱动程序，进入打印机驱动程序的安装界面。

步骤3　同意许可证协议。 打开"许可证协议"界面，单击"是"按钮，如图 2-53 所示。

步骤4　选择安装类型。 打开"安装类型"界面，选中"标准"单选项，单击"下一步"按钮，如图 2-54 所示。

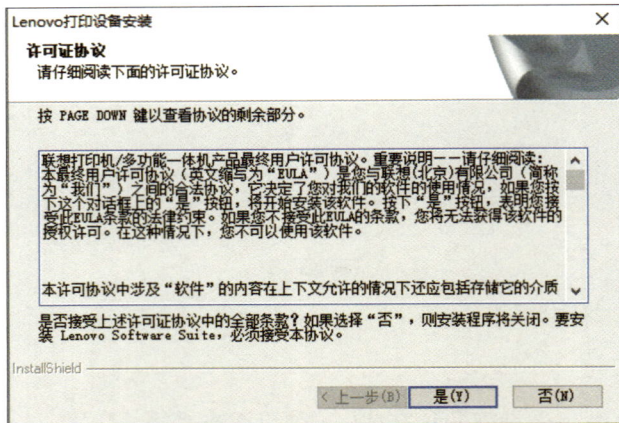

图 2-53　同意许可证协议

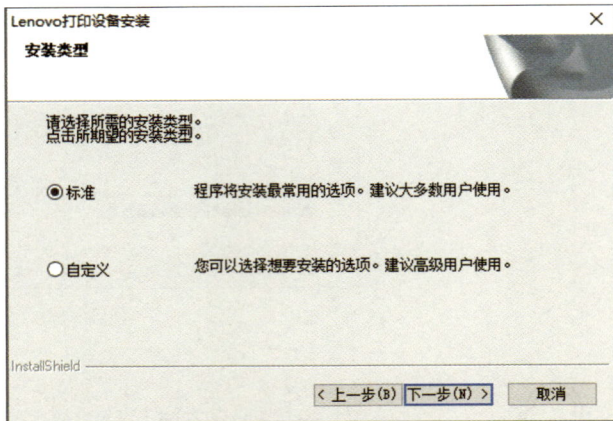

图 2-54　选择安装类型

步骤5　选择连接方式。 打开"选择连接"界面，选中"Lenovo 对等网络打印机"单选项，单击"下一步"按钮，如图 2-55 所示。

步骤6　选择打印机。 打开"选择想要安装的 Lenovo 设备"界面，在下面的列表框中选择设置了 IP 地址的打印机，单击"下一步"按钮，如图 2-56 所示。

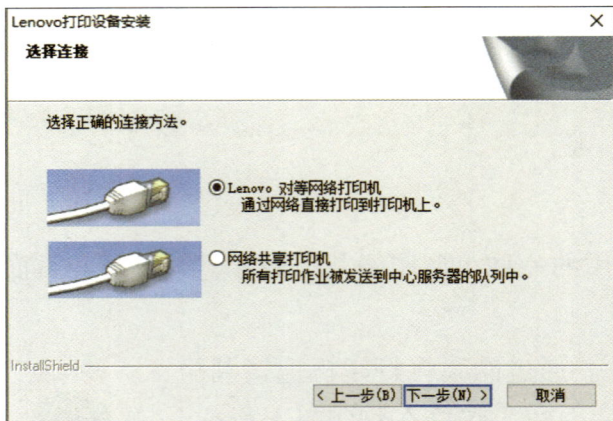

图 2-55　选择连接方式

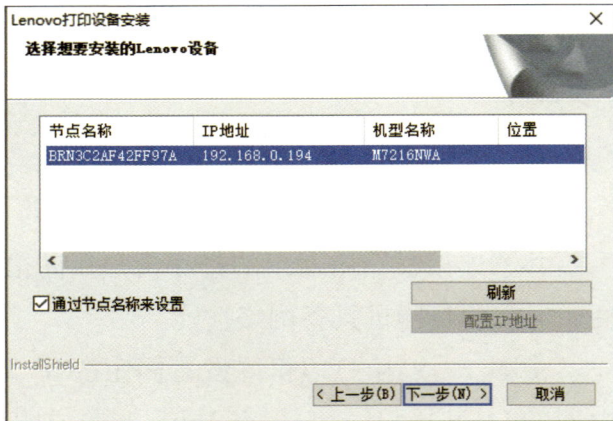

图 2-56　选择打印机

步骤7　完成设置。 打开"设置完成"界面，提示驱动程序安装完成，勾选"设为默认打印机（该设置将应用到当前的用户。）"复选框，单击"完成"按钮，如图 2-57 所示。

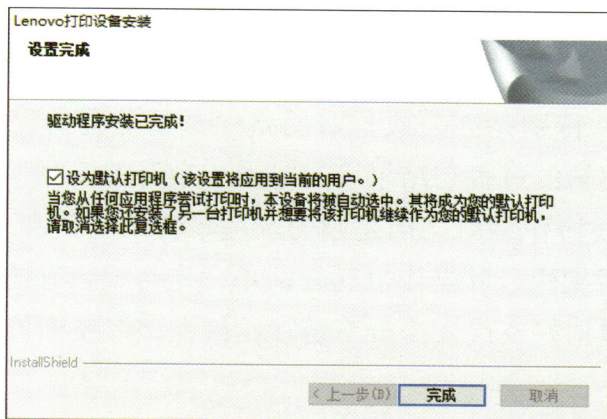

图 2-57　完成设置

提示

在"控制面板"窗口中单击"查看设备和打印机"链接，打开"设备和打印机"窗口，单击"添加打印机"按钮，然后选择共享在路由器中的打印机，如图 2-58 所示，单击"下一步"按钮，在安装驱动程序后也可以共享该打印机。

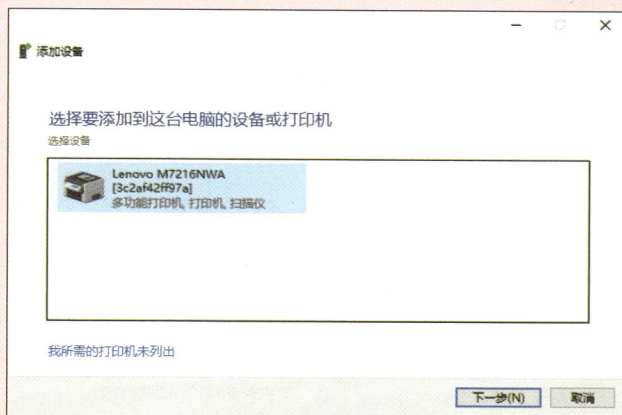

图 2-58　在添加打印机向导中设置共享

小组交流

小组成员试着将打印机连接到局域网的一台计算机中，然后共享该打印机，分析这样共享打印机与共享连接到路由器的打印机有什么不同。

课堂笔记

任务 9 配置多人在线协作编辑文档的环境

在小型网络系统中，特别是办公或学习网络中，经常会出现多人同时在线编辑一篇文档，且编辑的过程与结果可实时同步查看的情况，这是因为在网络中配置了多人在线协作编辑文档是因为环境。腾讯文档和 WPS 云文档等都支持多人实时在线编辑，其操作也比较简单，先将编辑好的文档上传或分享到网络中，然后邀请好友或发送分享链接给好友，好友即可进行在线编辑。

微课视频

配置多人在线协作编辑文档的环境

步骤 1　启动腾讯文档。启动 QQ，单击"腾讯文档"图标，打开默认的浏览器，进入腾讯文档的登录网页，选择一种登录方式并登录，然后打开腾讯文档的操作界面。

步骤 2　新建在线文档。在操作界面左侧单击"新建"按钮，在弹出的列表中选择一种在线文档类型，如图 2-59 所示。

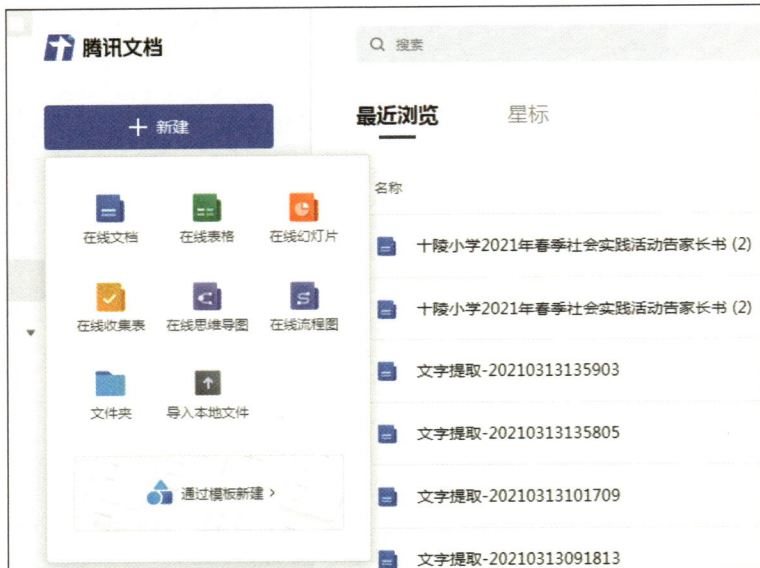

图 2-59　新建在线文档

步骤 3　编辑并分享文档。打开该类型文档的编辑界面编辑文档，编辑完成后腾讯文档将自动保存该文档，在界面右上角单击"分享"按钮，如图 2-60 所示。

步骤 4　设置分享。打开"分享"对话框，在其中可以设置文档的编辑权限和分享方式，这里选择"所有人可编辑"选项，然后在"分享给"栏中单击"QQ 好友"按钮，如图 2-61 所示。

> **提示**
>
> 腾讯文档除了可以设置查看和编辑权限外，还可以设置水印、添加批注、设置访问有效期和转让文档的所有权等。在"分享"对话框中选择"高级权限：可设置水印、禁止复制等"选项，打开"高级权限设置"对话框，在对话框中可以对以上权限进行具体的设置。

图 2-60　分享文档

图 2-61　设置分享

步骤 5　选择分享对象。打开"QQ 好友分享"对话框,在其中可以选择文档的分享对象,选中好友名称后单击"确定"按钮,如图 2-62 所示。

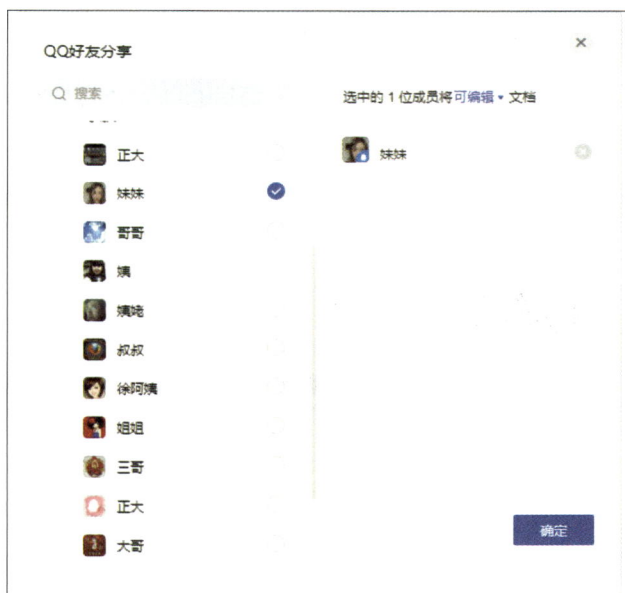

图 2-62　分享给 QQ 好友

> **提示**
> 　　腾讯文档有多种分享方式,包括 QQ 好友、微信好友、生成图片和生成二维码等。例如,生成二维码就是一种经常使用的在线协作编辑文档的分享方式,如图 2-63 所示,使用手机扫描二维码后,可以直接在手机中打开和在线编辑文档。

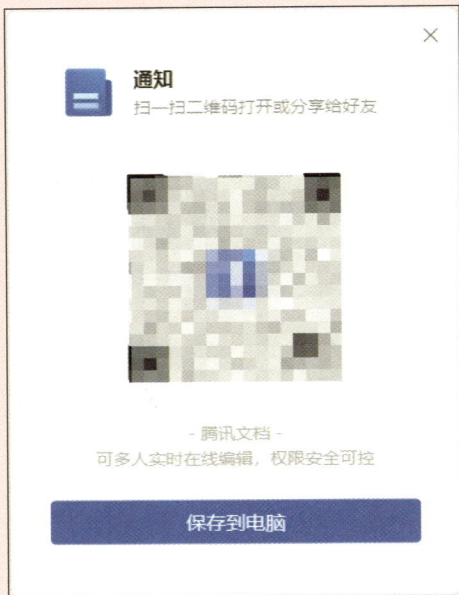

图 2-63　扫描二维码分享

步骤 6　接收和编辑文档。QQ 好友打开分享文档的好友对话窗口，即可看到分享的文档，如图 2-64 所示。单击该文档即可打开腾讯文档的操作界面，进行在线编辑操作。

步骤 7　查看在线协作信息。在线编辑文档时，任何一位编辑文档的用户都能查看文档的编辑信息。例如，在腾讯文档左上角可以查看同时协作编辑文档的用户的信息，以及保存、修改文档的时间和用户，单击上次修改文档信息对应的链接，还可以在操作界面右侧展开"修订记录"任务窗格，在其中可以查看编辑文档的具体用户和时间信息，如图 2-65 所示。

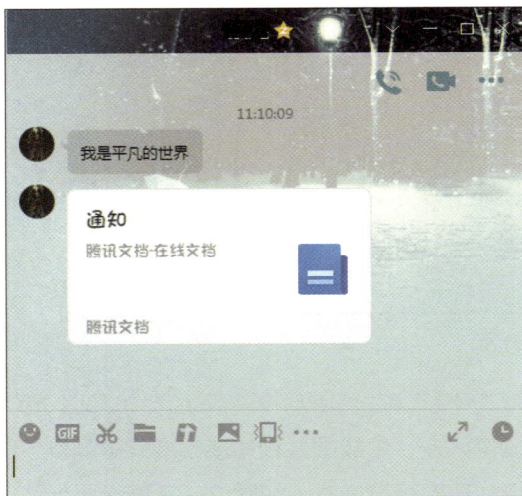

图 2-64　接收分享的文档

图 2-65　查看在线协作信息

提示　在腾讯文档的操作界面中，单击右上角的"文档操作"按钮，在弹出的菜单中选择"查看修订记录"选项，也可以展开"修订记录"任务窗格。

任务 10 配置 OA 系统

办公自动化（Office Automation，OA）系统是运用了计算机、智能手机和有线/无线通信等现代化技术的一种新型办公方式，也是小型网络系统中最常用的系统之一。钉钉就是一款常用的 OA 系统软件，支持在计算机和手机等多种智能终端中使用。在钉钉中配置 OA 系统常用的操作包括创建公司团队、添加组织架构和设置考勤打卡等。

1. 创建公司团队

步骤 1　注册并登录。 在计算机中下载并安装计算机版本的钉钉，使用手机号码注册一个钉钉账号，然后登录到钉钉的操作界面。

步骤 2　创建团队。 首次登录钉钉，其操作界面中通常会提示用户"创建企业/组织/团队"，单击"立即创建"按钮，如图 2-66 所示。

微课视频

创建公司团队

图 2-66　创建团队

> **提示**
>
> 在钉钉操作界面左侧工具栏中单击"通讯录"按钮，在展开的"通讯录"任务窗格中单击"创建团队"按钮，也可以进行创建团队的操作。

步骤 3　同意协议并注册。 在浏览器中打开"欢迎注册钉钉"网页，在文本框中输入手机号码，单击"同意协议并注册"按钮，在下面弹出的文本框中输入注册码，单击"验证并继续"按钮。

步骤 4　完善企业信息。 在打开的网页中输入企业或团队的名称，选择行业类型、人员规模和所在地，单击"立即创建团队"按钮，如图 2-67 所示。

步骤 5　添加企业成员。 返回钉钉的操作界面，会显示创建完成的相关信息，接下来为企业添加成员，直接单击"添加成员入群"链接，如图 2-68 所示。

图 2-67　完善企业信息

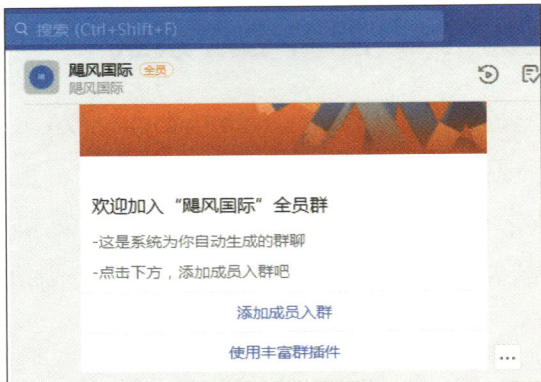

图 2-68　添加企业成员

步骤 6　选择添加成员的方式。打开"添加同事"窗口，窗口中显示了多种添加方式，这里选择"通过二维码邀请"的方式，如图 2-69 所示。

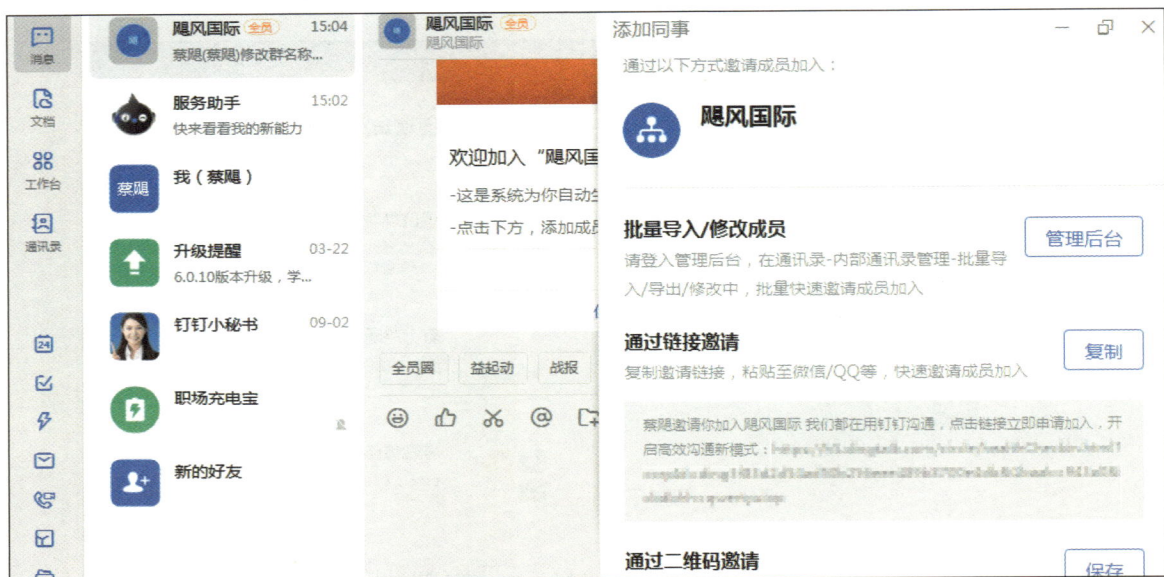

图 2-69　选择添加成员的方式

步骤 7　新成员加入。新成员先在自己的手机中安装钉钉 App，然后使用钉钉 App 扫描企业的二维码图片，在输入本人的真实姓名和联系方式后，向企业发出加入申请。

步骤 8　处理申请。钉钉的操作界面会收到新成员的加入申请信息，单击"立即处理"链接，打开"新成员申请"窗口，选中申请的新成员，单击"同意"按钮，弹出提示框，如图 2-70 所示，继续单击"确定"按钮。

步骤 9　完成团队创建。钉钉操作界面和申请成员的钉钉 App 会同时收到加入团队成功的提示信息，将所有成员都添加到企业团队中后，完成团队的创建。

小组交流　　小组成员在手机中安装钉钉 App，试着使用钉钉创建一个企业团队，看看与在计算机中进行的操作是否存在不同。

图 2-70　处理新成员申请

2. 添加组织架构

在钉钉中添加组织架构通常包括添加部门和将员工调整到不同部门两个操作。另外，还会涉及一个常用操作，就是完成 OA 系统中智能人事的设置。

步骤 1　选择操作。在钉钉的操作界面中，单击工具栏中的"更多"按钮，在弹出的"更多应用"列表框中单击"管理后台"按钮，如图 2-71 所示。

微课视频

添加组织架构

图 2-71　选择操作

步骤 2　进入后台管理。打开后台管理的登录页面，输入登录密码或者使用手机中的钉钉 App 扫描二维码进行登录，打开后台管理的操作界面，在菜单栏中单击"通讯录"选项卡，如图 2-72 所示。

图2-72　进入后台管理

步骤3　添加部门。 打开企业组织架构的管理界面，在"下级部门"栏中单击"添加子部门"按钮，打开"添加部门"对话框，输入部门和上级部门的名称，单击"保存"按钮，如图2-73所示。

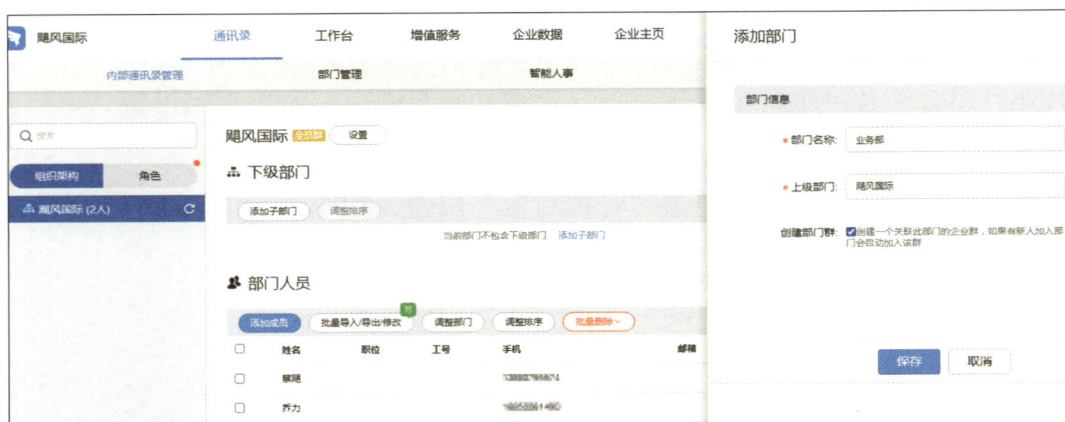

图2-73　添加部门

步骤4　选择员工。 返回企业组织架构的管理界面，在"部门人员"栏中勾选需要调整部门的员工选项左侧的复选框，单击"调整部门"按钮。

步骤5　调整员工的部门。 打开"选择部门"对话框，在"选择"列表框中设置员工的部门，这里勾选部门对应的复选框，然后单击"确定"按钮，如图2-74所示。

图2-74　选择员工的部门

提示

在企业组织架构的管理界面中选择部门对应的员工选项，将打开该员工的管理窗口，在其中可以输入和编辑员工的基础信息和档案等，如图 2-75 所示。

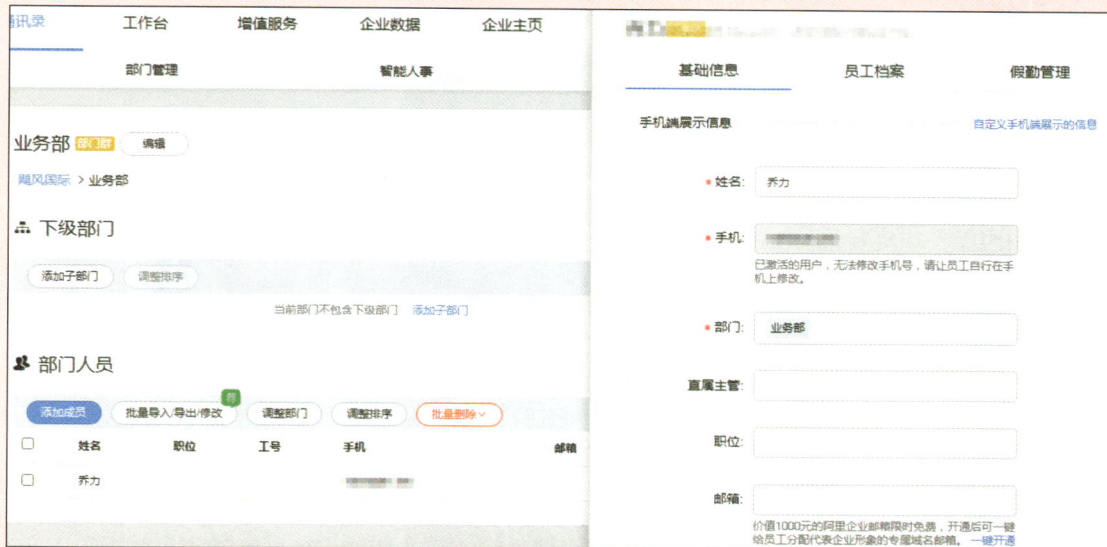

图 2-75　输入和编辑员工信息

步骤 6　打开工作台。 返回钉钉的操作界面，单击工具栏中的"工作台"按钮，打开"OA 工作台"选项卡，在"全员"栏中单击"智能人事"按钮，如图 2-76 所示。

图 2-76　OA 工作台

步骤 7　设置智能人事。 打开"智能人事"选项卡，在左侧的任务窗格中选择"员工"/"员工管理"/"花名册"选项，打开"员工花名册"界面，在其中可以查看企业员工的相关信息，如图 2-77 所示。单击员工对应的选项。可以打开员工的个人主页，在其中可以输入和编辑员工的信息、调整员工的工作关系，以及进行考勤管理等操作。

图 2-77　员工花名册

> 🎧
> **提示**
> 　　在钉钉的智能人事管理系统中，还涉及培训、绩效、假期、薪酬等方面的内容，以及有关人事方面的权限设置、审批设置等。另外，钉钉的智能人事及考勤打卡等也可以通过后台管理进行设置。

3. 设置考勤打卡

考勤打卡是 OA 系统中常用的一个设置，在钉钉中设置考勤打卡包括设置名称、人员、考勤类型、日期、方式和加班规则等内容。

> 微课视频
> 🎥
> 设置考勤打卡

步骤 1　选择操作。在钉钉的操作界面中，单击工具栏中的"工作台"按钮，打开"OA 工作台"选项卡，在"全员"栏中单击"考勤打卡"按钮。

步骤 2　新增考勤组。打开"考勤打卡"选项卡，在左侧的任务窗格中选择"考勤设置"/"考勤组管理"选项，在右侧的任务窗格中单击"新增考勤组"按钮，如图 2-78 所示。

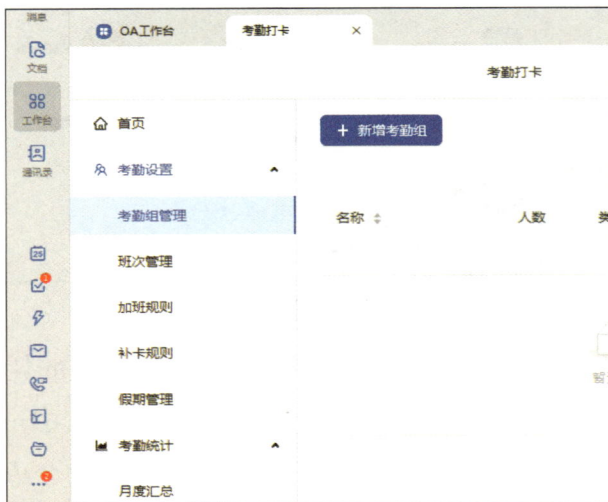

图 2-78　新增考勤组

步骤 3 输入考勤组名称。 打开新建的考勤组信息设置界面，在"考勤组名称"文本框中输入"业务部"，单击"参与考勤人员"右侧的文本框，如图 2-79 所示。

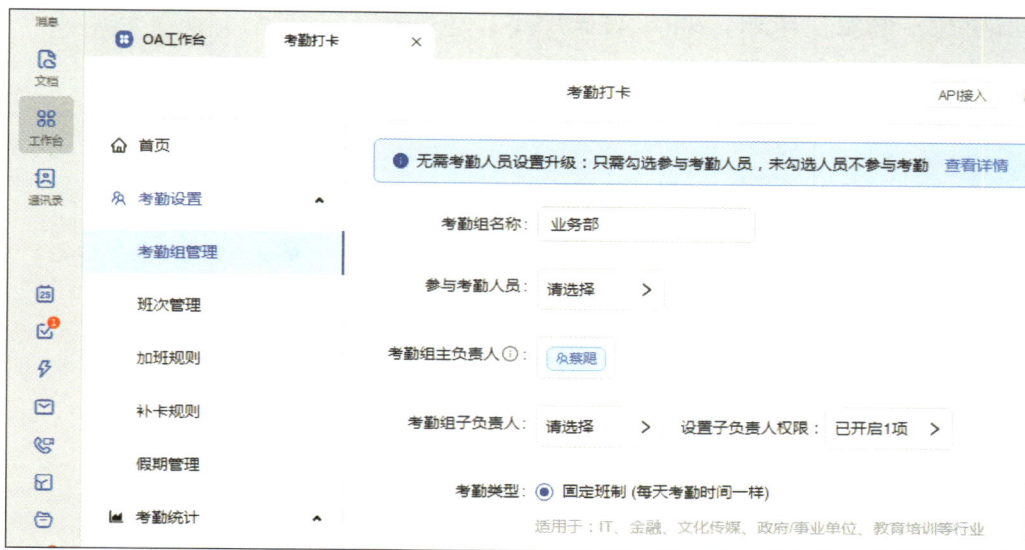

图 2-79 设置考勤组名称

步骤 4 选择考勤的部门和人员。 打开"选择部门与人员"对话框，在"选择"列表框中选择考勤的部门和人员时，只需勾选其左侧的复选框即可，单击"确定"按钮，如图 2-80 所示。

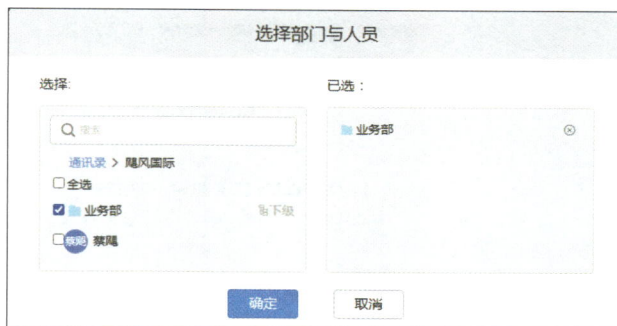

图 2-80 选择考勤的部门和人员

步骤 5 设置后续人员的考勤规则。 打开"后续加入以下部门的人员自动进入考勤组"对话框，保持默认设置，为后续人员设置考勤规则，单击"确定"按钮，如图 2-81 所示。

图 2-81 设置后续人员的考勤规则

步骤 6 设置考勤组负责人。 用同样的方法设置"考勤组主负责人""考勤组子负责人"。

步骤 7　设置考勤组子负责人权限。单击"设置子负责人权限"按钮，打开"设置子负责人权限"对话框，将对应权限选项右侧的滑块向右拖动，表示子负责人拥有该权限，设置完成后单击"确定"按钮，如图 2-82 所示。

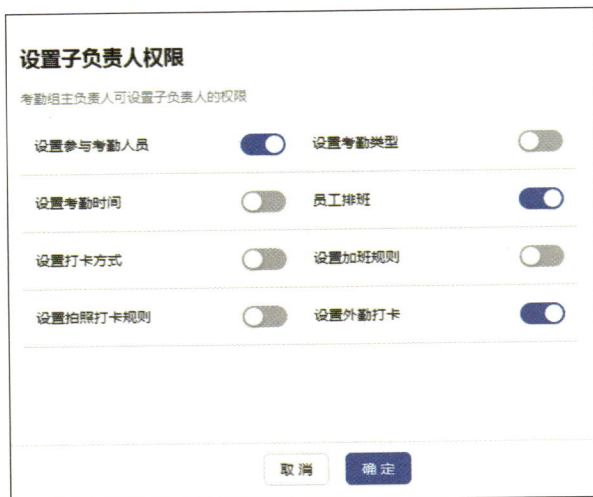

图 2-82　设置子负责人的权限

步骤 8　设置考勤类型和工作日。在"考勤类型"栏中选中"固定班制"单选项，然后在下面的"工作日设置"栏中勾选"工作日"复选框，其他设置保持默认，如图 2-83 所示。

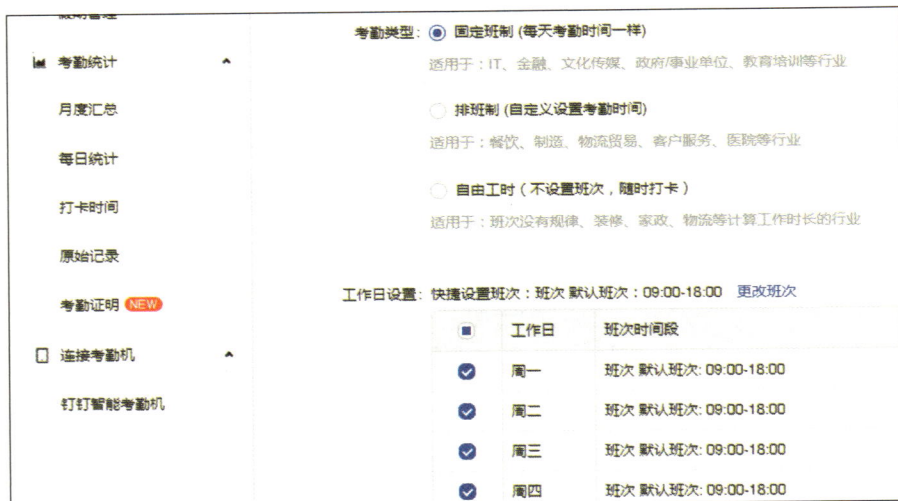

图 2-83　设置考勤类型和工作日

提示

钉钉的考勤类型还有"排班制"和"自由工时"两种，选择不同的考勤类型，需要设置不同的工作日和考勤规则。另外，还可以在"特殊日期"栏中设置必须打卡和不用打卡的特定日期和时间。

步骤 9　设置考勤方式。在"考勤方式"栏中设置员工的考勤方式，这里勾选"地点打卡"与"Wi-Fi 打卡"复选框，然后单击下面"地点"选项右侧的"添加"按钮，如图 2-84 所示。

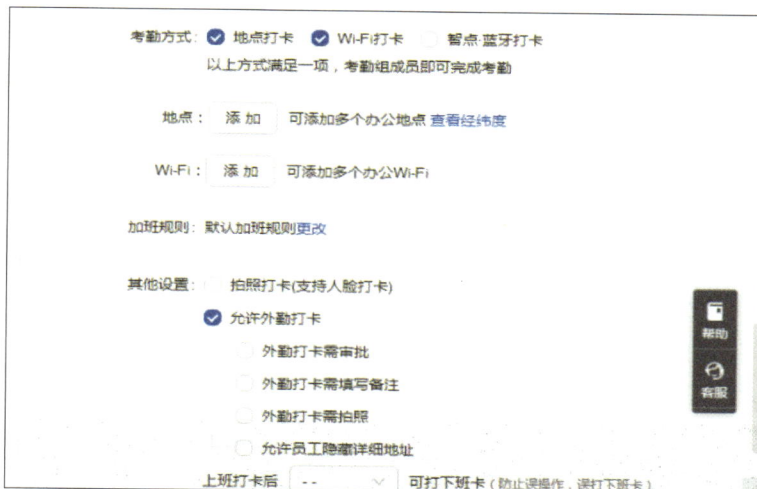

图 2-84　设置考勤方式

步骤 10　添加考勤地点。 打开"添加考勤地点"对话框，在地图上找到公司位置，单击将其设置为考勤地点，单击"下一步"按钮，在打开的对话框的"地点名称"文本框中输入公司名称或地点名称，单击"完成"按钮，如图 2-85 所示。

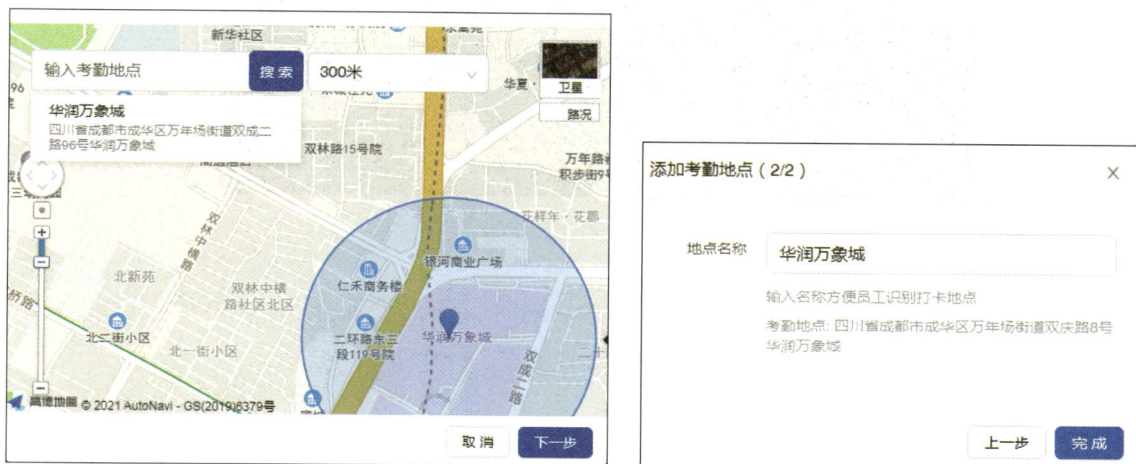

图 2-85　添加考勤地点

步骤 11　添加办公 Wi-Fi。 单击图 2-84 所示的"Wi-Fi"选项右侧的"添加"按钮，打开"添加办公 Wi-Fi"对话框，在"名称"文本框中输入 Wi-Fi 的名称，在"MAC 地址"文本框中输入该无线路由器的 MAC 地址，单击"确定"按钮，如图 2-86 所示。

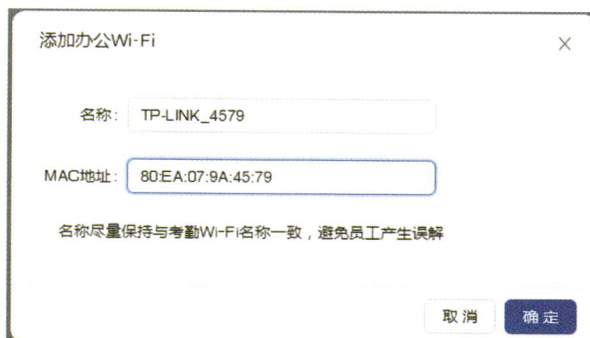

图 2-86　添加办公 Wi-Fi

提示

Wi-Fi 的名称可以在手机连接 Wi-Fi 后，在手机的"设置"界面中查看。查看无线路由器 MAC 地址的方法是按【Windows+R】组合键，打开"运行"对话框，在"打开"文本框中输入"cmd"，单击"确定"按钮，打开 cmd 程序的运行窗口，在命令提示符位置输入"ipconfig"，按【Enter】键，将显示本地网络的主要信息，记住"默认网关"的 IP 地址；接下来在命令提示符位置输入"arp -a"，按【Enter】键，将显示本地网络中所有设备的 MAC 地址，默认网关的 IP 地址对应的物理地址就是无线路由器的 MAC 地址，如图 2-87 所示。

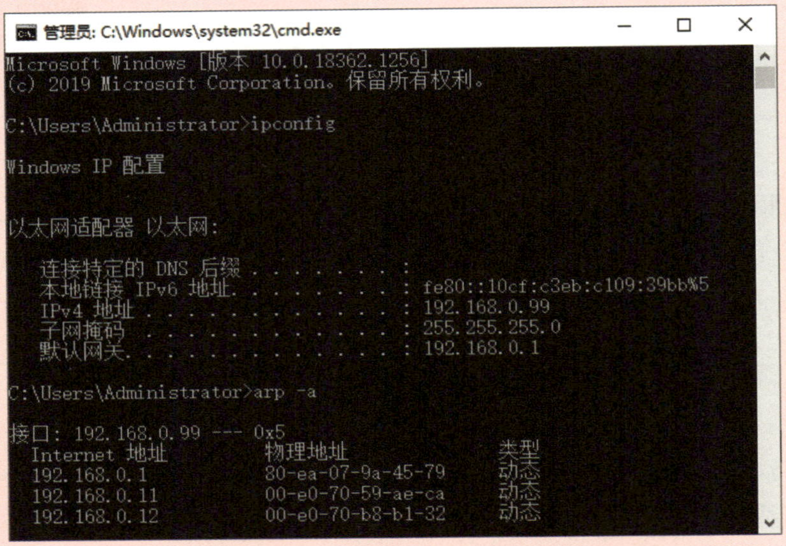

```
管理员: C:\Windows\system32\cmd.exe                      —   □   ×

Microsoft Windows [版本 10.0.18362.1256]
(c) 2019 Microsoft Corporation。保留所有权利。

C:\Users\Administrator>ipconfig

Windows IP 配置

以太网适配器 以太网:

   连接特定的 DNS 后缀 . . . . . . . :
   本地链接 IPv6 地址. . . . . . . . : fe80::10cf:c3eb:c109:39bb%5
   IPv4 地址 . . . . . . . . . . . . : 192.168.0.99
   子网掩码  . . . . . . . . . . . . : 255.255.255.0
   默认网关. . . . . . . . . . . . . : 192.168.0.1

C:\Users\Administrator>arp -a

接口: 192.168.0.99 --- 0x5
  Internet 地址         物理地址              类型
  192.168.0.1          80-ea-07-9a-45-79     动态
  192.168.0.11         00-e0-70-59-ae-ca     动态
  192.168.0.12         00-e0-70-b8-b1-32     动态
```

图 2-87　查看无线路由器的 MAC 地址

步骤 12　完成考勤设置。设置加班规则、拍照打卡和外勤打卡等，设置完成后，单击"保存设置"按钮，即可看到设置好的部门考勤组打卡规则。

课堂笔记

课后思考

班级：_____　　　　姓名：_____　　　　成绩：_____

思考题 1

请仔细思考日常学习和生活中有哪些比较常见的物联网技术应用场景，并就物联网发展前景谈谈自己的看法。

_____

_____

_____

_____

_____

思考题 2

在安装和配置云文件共享服务时，如何保护个人隐私？

_____

_____

_____

_____

_____

思考题 3

除了钉钉外，还有哪些常用的 OA 系统软件，这些软件除了用于办公外，还可以用于什么场景？

_____

_____

_____

_____

_____

拓展训练　搭建小型网络系统

1. 训练任务

要求： 以小组为单位，搭建一个小型网络系统，主要包括局域网，且具备无线网络功能、共享文件功能和共享打印机功能，以及远程控制功能和 OA 系统，将一些智能设备加入网络系统中形成物联网。完成任务后，需由小组成员共同推选出一个代表，阐述该小组搭建的小型网络系统的具体情况。

2. 训练安排

要求： 在小组之间组织一场小型网络系统的搭建比赛，各组推选出小组组长和小组代表。组长负责竞赛的任务安排，代表负责任务总结。学生可自由分组，并按实际情况填写以下内容。

小组人数：_____人　　小组组长：_____　　小组成员：_____

工作分配：_____

3. 训练评价

序号	评分内容	总分	得分
1	小型网络系统的设计是否合理有效	10	
2	网络设备的连接和配置是否正确	10	
3	网络功能服务的配置是否正确	5	
4	是否具备物联网模块	5	
5	测试网络是否通畅	10	
6	是否能够正确安装云服务器	10	
7	是否能够进行远程控制操作	15	
8	能否实现文件和打印机共享	10	
9	能否进行多人同时在线协作处理文档	15	
10	能否使用钉钉创建团队并设置考勤打卡	10	
	总分	100	

教师评语：

模块三

信息安全保护

03

情境描述

　　学校机房的每台计算机上均安装有 Windows 10 操作系统、办公软件，以及各种常用的与信息技术相关的工具软件等。现在，为了方便学生更好、更安全地进行学习，学校需要对这些计算机的信息系统进行安全评估，然后为信息系统设计一套有效的安全防护方案。另外，上级主管部门还要求对这些计算机的信息系统进行安全措施部署和漏洞封堵，进一步确保信息系统的安全。

技能目标

◎ 能评估不同业务类型的信息系统的安全风险。

◎ 能为不同业务类型的信息系统设计安全防护方案。

◎ 能为信息系统部署安全措施。

◎ 能有效封堵信息系统的安全漏洞。

环境要求

◎ 硬件（计算机）环境：台式计算机。

◎ 硬件（设备）环境：抗 DDoS 设备、SSL VPN 设备、负载均衡设备。

◎ 软件环境：360 安全卫士、瑞星杀毒软件、BitLocker 驱动器加密、百度网盘 / 云盘、WinRAR 软件。

◎ 网络环境：虚拟专用网络、入侵检测系统、入侵防御系统、防病毒网关、Web 应用防火墙。

◎ 其他：手机、动态令牌、生物识别技术相关设备。

任务实践

| 模块名称：信息安全保护 | | 所需学时： | 8 | 学时 |

任务列表		难度			计划学时
		低	中	高	
任务 1	评估信息系统安全风险	√			2
任务 2	部署信息技术的安全措施		√		3
任务 3	查找并封堵信息安全漏洞			√	0.5
任务 4	测试信息安全的可靠性		√		0.5
任务 5	评定信息安全等级	√			2

任务准备

知识准备	1. 了解信息系统可能面临的安全风险 2. 了解常见的信息系统安全防护方法 3. 掌握正确使用和管理信息系统的方法 4. 能够通过各种软硬件为信息系统部署安全措施 5. 能够利用各种软硬件修补信息系统的安全漏洞 6. 能使用基本的软硬件测试信息安全的可靠性
注意事项	1. 安全用电，不得在机房充电 2. 爱护公物，若发现公物损坏或丢失，需照价赔偿 3. 保持安静，不得大声喧哗，不得打闹，不得影响他人 4. 严格遵守设备操作规程，不得随意拆卸计算机部件，不得擅自更改设置和私设密码 5. 严禁使用来历不明的软件和硬件在计算机上操作 6. 按时完成任务，并提交任务报告，每个学生一份 7. 任务完成后，需关闭计算机电源及相关设备电源并打扫卫生，如此方可离室

任务 **1** 评估信息系统安全风险

信息系统安全风险是指系统的软硬件安全和信息安全的潜在风险。要想正确评估信息系统的安全风险，就需要先了解信息系统的潜在风险。本任务的主要内容就是分析影响信息系统安全的因素，然后从这些影响因素的角度出发对信息系统的安全风险进行评估。

1. 影响信息系统安全的因素

在信息技术高速发展的今天，信息系统的安全不仅关系到个人和企业的利益，而且影响着社会的发展。站在新的历史起点上，我国将全面加强网络安全保障体系和能力建设，不断打造网络安全工作新格局。保证信息系统安全的根本目的就是使系统不受各种潜在风险的威胁。具体来说，影响信息系统安全的因素包含物理因素、网络因素、软件因素和人为因素 4 种，如图 3-1 所示。

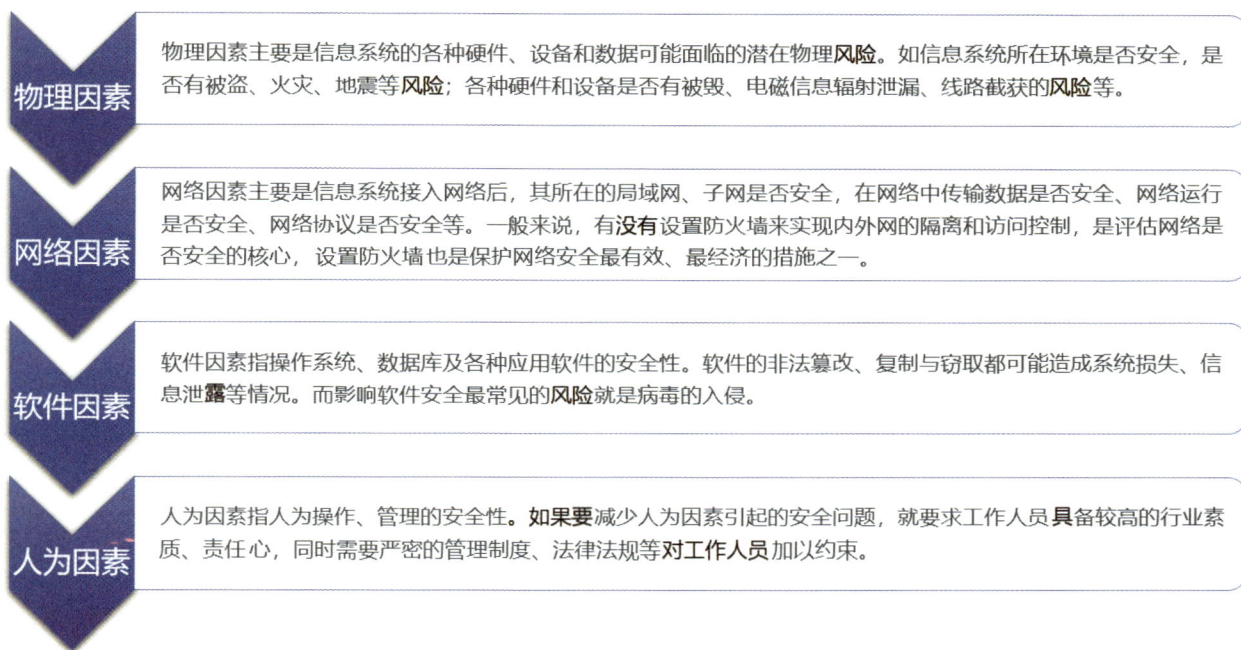

物理因素	物理因素主要是信息系统的各种硬件、设备和数据可能面临的潜在物理**风险**。如信息系统所在环境是否安全，是否有被盗、火灾、地震等**风险**；各种硬件和设备是否有被毁、电磁信息辐射泄漏、线路截获的**风险**等。
网络因素	网络因素主要是信息系统接入网络后，其所在的局域网、子网是否安全，在网络中传输数据是否安全、网络运行是否安全、网络协议是否安全等。一般来说，有**没有**设置防火墙来实现内外网的隔离和访问控制，是评估网络是否安全的核心，设置防火墙也是保护网络安全最有效、最经济的措施之一。
软件因素	软件因素指操作系统、数据库及各种应用软件的安全性。软件的非法篡改、复制与窃取都可能造成系统损失、信息泄**露**等情况。而影响软件安全最常见的**风险**就是病毒的入侵。
人为因素	人为因素指人为操作、管理的安全性。**如果要**减少人为因素引起的安全问题，就要求工作人员**具备**较高的行业素质、责任心，同时需要严密的管理制度、法律法规等**对工作人员**加以约束。

图 3-1 影响信息安全的因素

2. 评估信息系统的安全风险

评估信息系统的安全风险可以从以上几种影响因素的角度出发，根据实际情况细化各主要因素，并进行具体的评估，如表 3-1 所示。

表3-1 信息系统安全风险评估

风险因素		具体情况描述	风险评估结果 （高、中、低）
物理因素	环境	（描述环境是否容易起火、是否有水患、是否容易受潮等）	
	硬件与设备	（描述硬件与设备是否容易被盗、被毁等）	

续表

风险因素		具体情况描述	风险评估结果（高、中、低）
网络因素	局域网	（描述局域网环境的安全情况，如是否有访问控制措施等）	
	网络运行	（描述网络运行是否稳定，是否有应急措施等）	
	网络传输	（描述网络传输是否可以加密，是否容易丢失数据等）	
软件因素	操作系统	（描述操作系统运行是否稳定，是否有漏洞、病毒等）	
	数据库	（描述数据库及管理系统是否稳定等）	
	应用软件	（描述应用软件是否稳定，是否存在病毒、捆绑插件等）	
人为因素	人员综合素质	（描述使用人员是否认真负责，是否遵规守纪等）	
	管理制度	（描述是否存在合理且有效的管理制度等）	

小组交流　　小组成员讨论影响信息系统安全风险的因素有哪些，具体出现过哪种安全风险。最后对小组的信息系统安全风险进行总体评估。

课堂笔记

任务 2 部署信息技术的安全措施

部署信息技术的安全措施是为了保障系统在安全可靠的环境中运行，确保数据在使用过程中的稳定与安全，保障数据存储、传输和使用的机密性、完整性及安全性，并防止仿冒用户使用系统、敏感信息泄露、非授权访问、病毒攻击等情况的发生。

1. 安全等级与防护策略

在设计整体安全防护方案时，可先根据实际情况和需求来设计安全层级，即基于总体安全要求、安全原则等，对安全防护的内容进行层级划分，给出每个层级的安全防护策略，如表 3-2 所示。

表3-2　安全层级的划分与对应的防护策略

层级	防护策略
物理层	包括硬件设备操作环境、机房环境等物理环境的安全等，建立确保物理设备及基础运行环境不被有意或无意破坏的防护措施，确保设备的运行安全
网络层	包括访问控制、入侵检测防御及防火墙防范等，建立为确保系统各网络区域间的隔离防护而采取的访问控制、入侵检测及防御、防火墙防范等措施
系统层	包括操作系统安全、漏洞检测、病毒防范防护等，建立确保主机系统安全的系统安全扫描及修复、主机入侵检测及病毒防范等措施
数据层	包括数据的存储安全、传输安全、数据完整性保护等，确保系统数据在存储及应用时的安全性
应用层	包括用户身份安全、用户权限安全等，确保系统在使用过程中和系统所得结果的安全性，应从用户身份、权限等方面确保关键业务操作的安全性
管理层	包括安全管理规范、制度及个人安全准则等，需要实施一系列规章制度来确保各类人员按照规定的职责行事，做到各行其责，避免事故的发生，防止恶意侵犯

2. 安全管理措施

安全管理措施可以通过制定并落实管理制度来实现对相关人员的约束，从而避免或减少人为因素造成的安全风险，具体的管理制度内容并没有固定的要求。下面列举某个企业在安全管理方面采取的措施，这些措施主要从计算机设备管理、操作人员安全管理、密码与权限管理、数据安全管理、机房管理等方面对员工加以约束，如表 3-3 所示。

表3-3　信息安全管理措施

安全措施	主要内容
计算机设备管理制度	计算机设备要始终处于清洁、安全的工作环境，该工作环境中禁止放置易燃、易爆、强腐蚀、强磁性等可能危害计算机设备的物品

续表

安全措施	主要内容
计算机设备管理制度	计算机设备送修或维修方上门服务时，需要有专人陪同，防止数据丢失或被恶意篡改
	操作人员需严格遵守计算机设备的安全操作规程和正确使用方法
操作人员安全管理制度	操作人员操作重要系统时，需提前获得管理者授权
	操作人员对重要系统进行数据整理、备份、故障恢复等操作之前，需得到上级授权
	操作人员在未经同意的情况下，不得使用他人的权限进行操作
密码与权限管理制度	操作人员进入系统的密码不得随意泄露
	密码应定期修改，若密码遗失或泄露应立即报上级修改
	计算机重要设备的使用密码由专人负责，不得随意让他人使用
	操作人员的操作权限由上级指定，不得擅自修改
数据安全管理制度	备份的重要数据必须异地存放
	保证存储介质的物理安全
	数据恢复需取得上级批准，并严格按照要求执行操作
	清理数据前必须对数据进行备份，在确认成功备份后方可进行清理操作
	禁止使用来历不明的移动设备复制数据
机房管理制度	进入主机房时至少应当有两人在场并登记
	机房内严禁吸烟、吃东西、会客、聊天等
	机房工作人员严禁违规操作，严禁私自将外来软件带入机房使用
	机房内不准随意丢弃存储介质和有关业务保密数据资料
	机房管理人员需定期清扫设备，查看可能存在的安全风险

3. 入侵检测系统和入侵防御系统

入侵检测系统（Intrusion Detection System，IDS）是一种对网络传输进行即时监视，在发现可疑传输时发出警报的网络安全设备。如果把防火墙比作大厦的门锁，那么 IDS 就是大厦的监视系统。如果发现有不法分子进入了大厦，或大厦内部人员出现了越界行为，IDS 就会发出警报。IDS 的位置一般位于服务器区域的交换机上，或位于互联网接入路由器之后的第一台交换机上，也经常位于需要重点保护网段的局域网交换机上。

入侵防御系统（Intrusion Prevention System，IPS）是计算机网络安全设备，是对防病毒软件和防火墙的补充。IPS 是一种能够监视网络或网络设备的网络资料传输行为的计算机网络安全设备，能够即时中断、调整或隔离一些不正常或具有伤害性的网络资料传输行为。与 IDS 不同，IPS 一般位于防火墙和网络设备之间。当检测到攻击时，IPS 会在这种攻击扩散到网络其他地方之前阻止这个恶意的通信。而 IDS 只是在网络之外起到报警的作用，而不能起到防御的作用。另外，IPS 具备检测已知和未知攻击及成功防止攻击的能力，这种能力是 IDS 没有的。二者部署的位置可参考图 3-2。

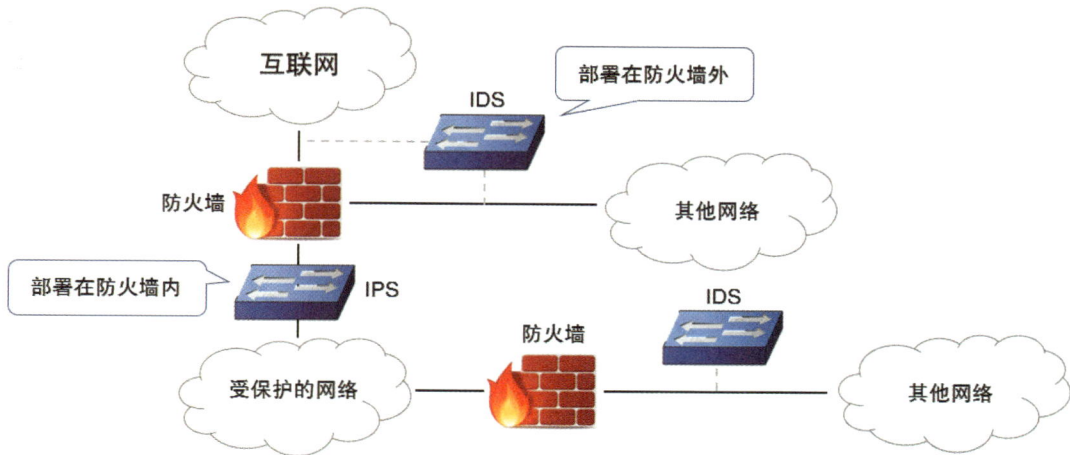

图 3-2　IDS 和 IPS 的部署位置

4．防病毒网关

防病毒网关是一种网络安全设备，如图 3-3 所示。防病毒网关除了具备基本的网关功能外，最大的作用是保护网络内数据传输的安全，一般具有杀除病毒、过滤关键字、阻止垃圾邮件等功能。在网络的 Internet 出口部署防病毒网关后，可以大幅度降低恶意软件带来的安全威胁，可以及时发现并限制网络病毒的入侵。

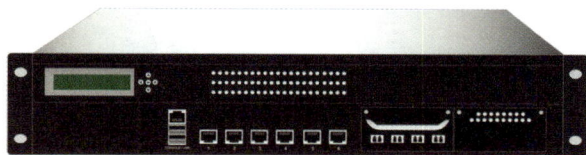

图 3-3　防病毒网关

5．动态令牌

动态令牌是用来生成动态口令的终端。动态口令是根据专门的算法生成的一个不可预测的随机数字组合，一个密码仅能使用一次，是一种安全便捷的账号防盗技术。

动态令牌有硬件和软件之分。硬件动态令牌可以每隔 30 ～ 60 秒变换一次动态口令，随机产生 6 ～ 8 位的动态口令，如图 3-4 所示。使用软件动态令牌，即在移动终端安装相应客户端软件，每隔 60 秒可产生一个随机的 6 位动态口令，如图 3-5 所示。

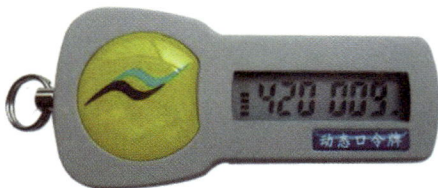

图 3-4　硬件动态令牌

图 3-5　软件动态令牌

动态口令生成的过程不产生通信费用，动态令牌具有使用简单、安全性高、成本低、无须携带额外设备等优势。

> **资源链接**　从技术上看，动态令牌有时间同步技术、事件同步技术、挑战/应答技术等几种模式。参见配套资源中的"电子活页"文档内容，详细了解动态令牌的相关模式。
>
> 电子活页
> 动态令牌模式

6. 生物识别技术

生物识别技术是指将计算机与光学、声学、生物传感器和生物统计学原理等高科技手段结合，利用人体固有的各种生理特性，如指纹、面部特征、虹膜等验证个人身份的一项技术，如图 3-6 所示。

指纹识别技术	指纹识别技术是一种生物特征识别技术，它通过扫描并存储指纹上的各种细微特征，如指纹纹路的渐进中心、指纹纹路的数量、指纹上各扫描标记点的方向和曲率等，使用先进的核对和计算方法，来实现身份验证
人脸识别技术	人脸识别技术基于人的面部特征，对输入的人脸图像或视频流进行判断，包括各个主要面部器官的位置、大小信息等，然后依据这些信息，进一步提取人脸所蕴涵的身份特征，将其与已知的人脸数据进行比对，从而验证身份
虹膜识别技术	虹膜识别技术是一项基于眼睛中的虹膜进行身份识别的技术。虹膜是人眼的组成部分，同指纹一样，虹膜发育成形后，在整个生命历程中始终不变且具有唯一性。其识别原理也是通过设备提取当前用户的虹膜数据，与预存的虹膜数据比对，以验证用户身份

图 3-6　生物识别技术

> **资源链接**　目前的手机指纹识别技术主要有 3 种模式，即光感屏幕指纹识别、压感（电容）屏幕指纹识别和超声波屏幕识别。详细内容参见配套资源中的"电子活页"文档。
>
> 电子活页
> 手机指纹识别技术

7. 防火墙技术

Windows 10 操作系统中配置了防火墙功能，我们可以根据需要选择是否开启该功能，具体操作步骤如下。

> **资源链接**　防火墙技术是一种既能够允许获得授权的外部人员访问网络，又能够识别和抵制非授权者访问网络的安全技术，它起到指挥网上信息安全、合理、有序地进行流动的作用。利用配套资源中的"电子活页"文档，可以对该技术进行详细了解。
>
> 电子活页
> 防火墙技术

步骤 1　调整显示方式。单击桌面左下角的"开始"按钮，在弹出的"开始"菜单中选择"Windows 系统"/"控制面板"选项，打开"控制面板"窗口，单击"查看方式"右侧的下拉按钮，在弹出的下拉列表中选择"大图标"选项，如图 3-7 所示。

微课视频

配置 Windows
防火墙

图 3-7　调整显示方式

步骤 2　选择防火墙功能。单击"Windows Defender 防火墙"链接，如图 3-8 所示。

图 3-8　选择防火墙功能

步骤 3　按推荐内容设置。在打开的"Windows Defender 防火墙"窗口中单击"使用推荐设置"按钮，如图 3-9 所示。

步骤 4　设置防火墙。在"Windows Defender 防火墙"窗口中单击左侧的"启用或关闭 Windows Defender 防火墙"链接，如图 3-10 所示。

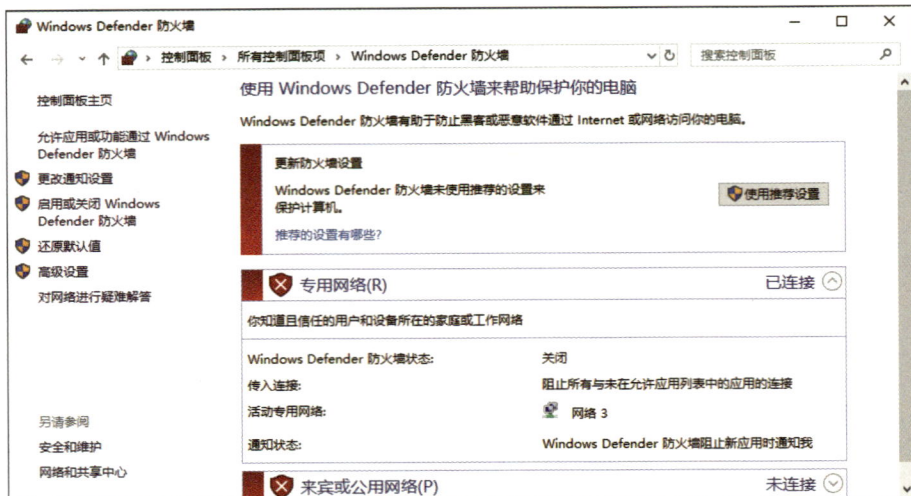

图 3-9　根据系统推荐的内容设置防火墙

图 3-10　进一步设置防火墙

步骤 5　设置防火墙参数。在打开的"自定义设置"窗口中可根据实际需要勾选或取消勾选相应的复选框，对防火墙功能进行详细设置，完成后单击"确定"按钮，如图 3-11 所示。

图 3-11　设置防火墙参数

8. BitLocker 加密技术

BitLocker 加密技术具备数据保护功能，它可以对计算机操作系统中的各个磁盘分区进行加密，防止他人非法使用数据。Windows 10 操作系统自带该功能，名为 BitLocker 驱动器加密，下面介绍该功能的使用方法，具体操作步骤如下。

> 微课视频
>
> BitLocker 加密技术

步骤 1　启用 BitLocker 驱动器加密功能。 打开"控制面板"窗口，单击"BitLocker 驱动器加密"链接，如图 3-12 所示。

图 3-12　启用 BitLocker 驱动器加密功能

步骤 2　选择需加密的磁盘分区。 在打开的"BitLocker 驱动器加密"窗口中单击需加密磁盘分区右侧的"启用 BitLocker"链接，如图 3-13 所示。

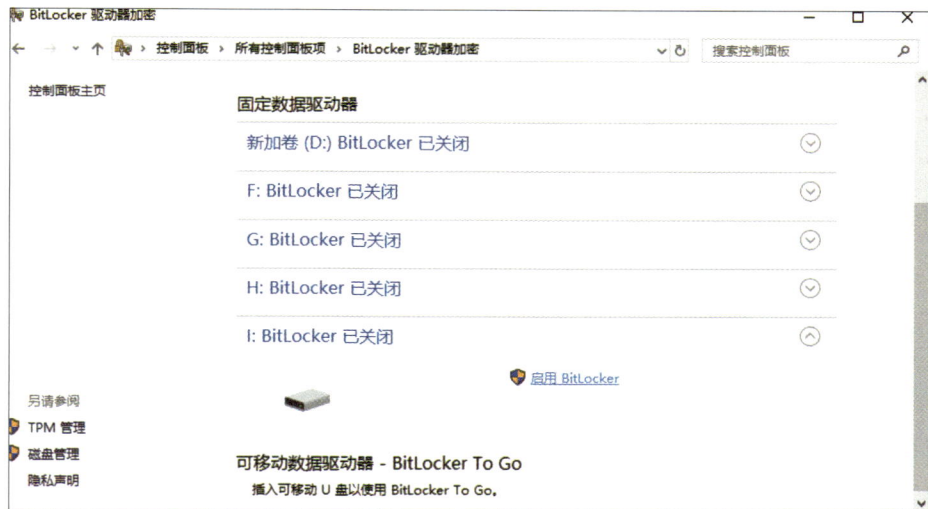

图 3-13　选择需加密的磁盘分区

步骤 3　输入密码。 在打开的"BitLocker 驱动器加密"对话框中可设置解锁驱动器的方式，如使用密码解锁、使用智能卡解锁等，这里勾选"使用密码解锁驱动器"复选框，并在下方的"输入密码"和"重新输入密码"文本框中依次输入相同的加密密码，单击"下一步"按钮，如图 3-14 所示。

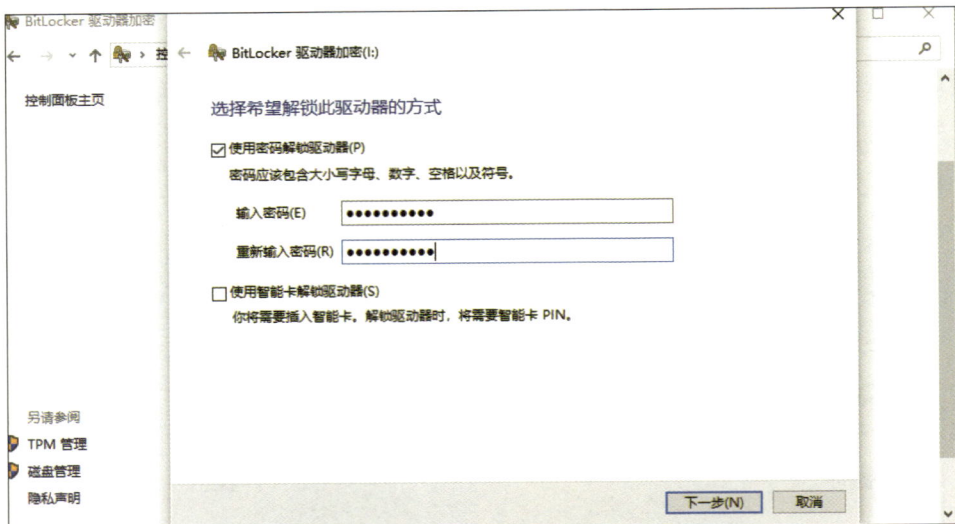

图 3-14　设置密码解锁

步骤 4　存储密钥。在显示的对话框中可设置恢复密钥的存储方式，以防止忘记密码后无法解锁加密的磁盘分区，这里选择"保存到文件"选项，如图 3-15 所示。

图 3-15　设置恢复密钥的方式

> **提示**
>
> 　　为最大限度地保证密钥存储的安全，我们还可以将密钥保存到 U 盘中，而不是保存在计算机中，即将 U 盘插入计算机 USB 接口，待计算机识别后，选择图 3-15 中的"保存到 U 盘"选项，BitLocker 驱动器加密功能将直接把密钥信息存储到计算机识别到的 U 盘里。

步骤 5　保存密钥。在打开的"将 BitLocker 恢复密钥另存为"对话框中设置密钥的保存位置和保存名称，单击"保存"按钮，如图 3-16 所示。

步骤 6　设置加密驱动器空间大小。返回图 3-15 所示的对话框，单击"下一步"按钮，打开"选择要加密的驱动器空间大小"界面，选中对应的单选项，单击"下一步"按钮，如图 3-17 所示。

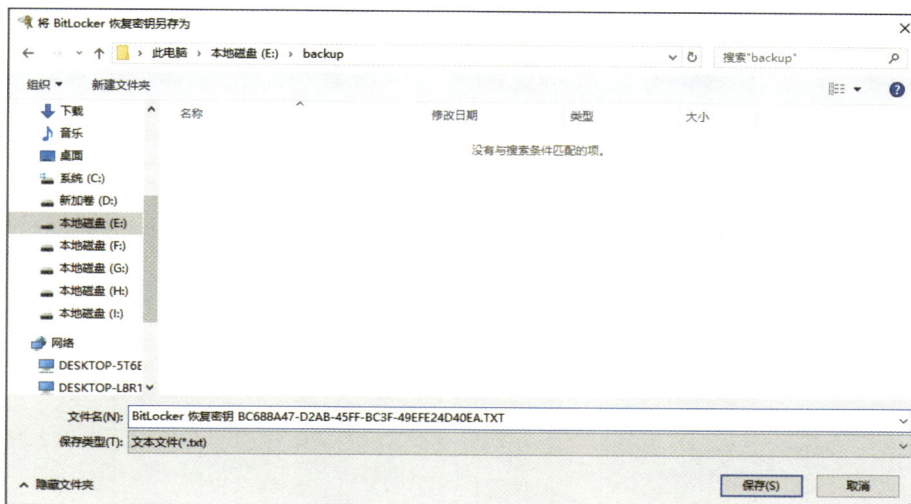

图 3-16　保存恢复密钥

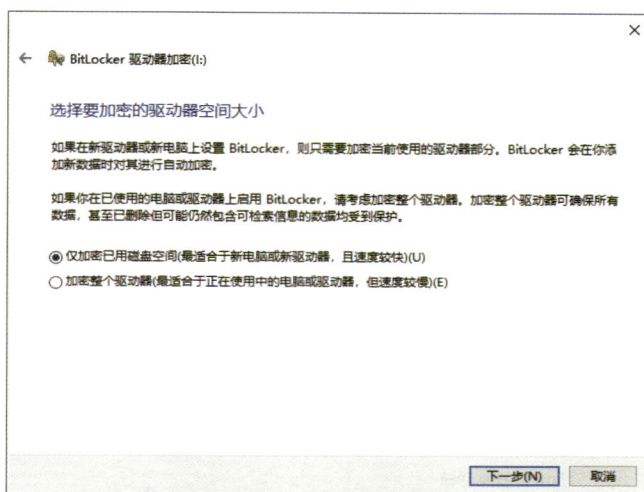

图 3-17　设置加密驱动器的空间大小

步骤 7　设置加密模式。 在打开的"选择要使用的加密模式"界面中选中对应的单选项，单击"下一步"按钮，如图 3-18 所示。

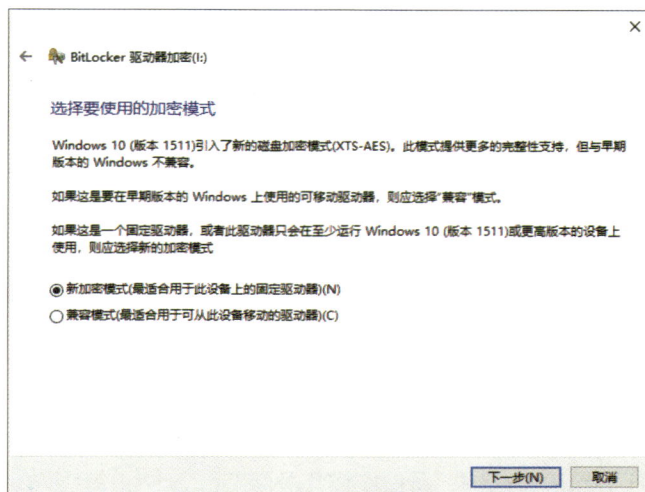

图 3-18　设置要使用的加密模式

步骤 8 启动加密。 在打开的"是否准备加密该驱动器？"界面中单击"开始加密"
按钮，如图 3-19 所示，系统将开始对所选的磁盘分区进行加密操作，并显示加密进度。

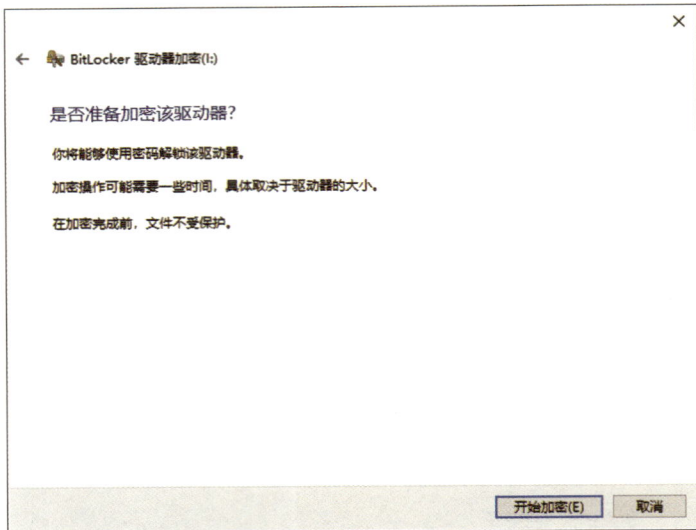

图 3-19 启动加密

步骤 9 完成加密。 加密完成后，将出现提示框，单击"关闭"按钮即可，如图 3-20
所示。此后他人使用其他账户登录计算机时，若要访问加密的磁盘分区，只有输入正确的
加密密码才行。

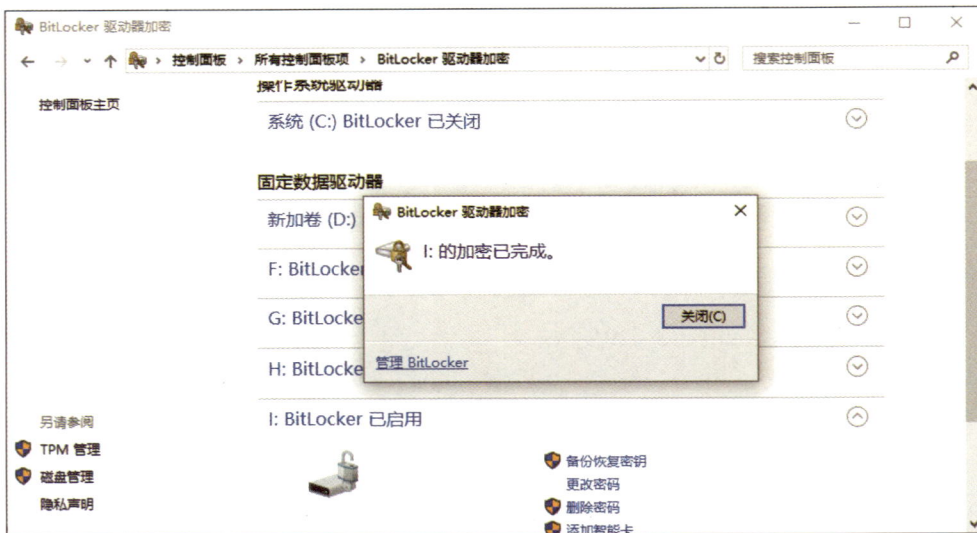

图 3-20 完成加密

> **提示**
>
> 　　解密已经加密的磁盘分区的方法为：打开"控制面板"窗口，单击"BitLocker 驱动
> 器加密"链接，在打开的窗口中单击需解密的磁盘分区右侧的"解锁驱动器"链接，并在
> 打开的对话框中输入前面设置的密码，确认无误后即可解密该磁盘分区。打开"此电脑"
> 窗口，即可看到该磁盘分区上的锁标志已经变成解锁状态，如图 3-21 所示。解密后，可
> 以对该磁盘分区进行更改密码、备份密钥和关闭 BitLocker 等操作。

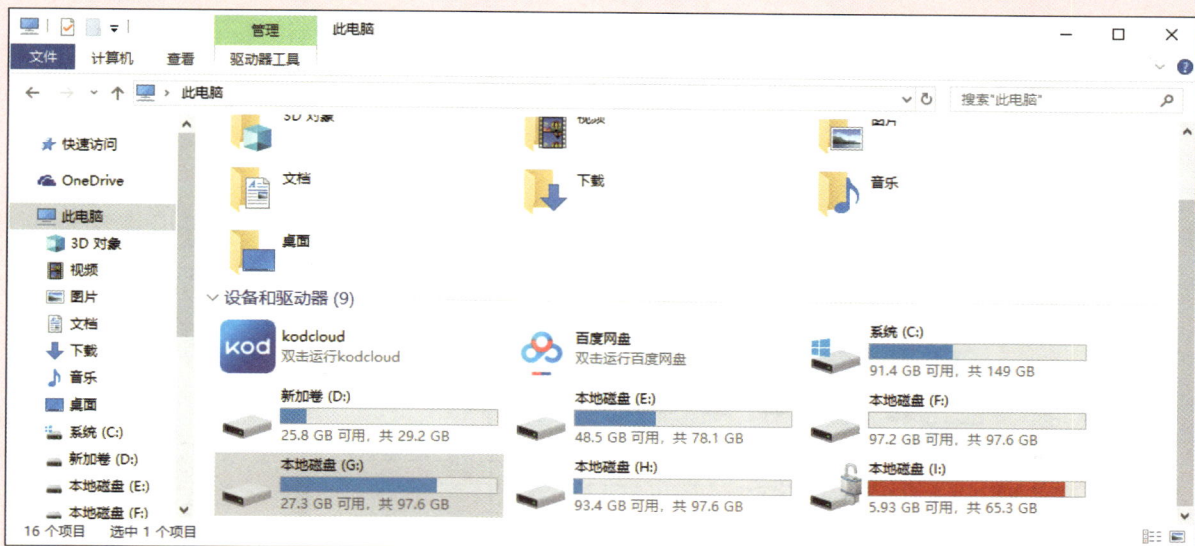

图 3-21　BitLocker 驱动器解密

9. WinRAR 数据压缩与加密

WinRAR 是一款功能强大的压缩包管理工具软件，它能够最大限度地将大尺寸的文件压缩成小尺寸的文件，以达到整理文件和节省磁盘空间等目的，下面重点介绍使用该软件进行文件加密压缩和解压缩的操作。

> 微课视频
>
> 加密压缩文件

（1）加密压缩文件。

将 WinRAR 软件安装到计算机以后，最便捷的方式就是利用文件的快捷菜单来压缩文件，具体操作步骤如下。

步骤 1　压缩文件夹。 打开计算机窗口，选择需要压缩的文件夹，在其上单击鼠标右键，在弹出的快捷菜单中选择"添加到压缩文件"选项，如图 3-22 所示。

图 3-22　压缩文件夹

> **提示**　若需要压缩多个文件或文件夹，则可利用【Ctrl】键将这些对象同时选中，然后在任意一个选中的对象上单击鼠标右键，在弹出的快捷菜单中选择"添加到压缩文件"选项进行压缩操作。

步骤2　设置压缩文件名。 在打开的"压缩文件名和参数"对话框中可设置压缩文件的名称、格式、压缩方式等各种参数，这里单击"浏览"按钮，如图3-23所示。

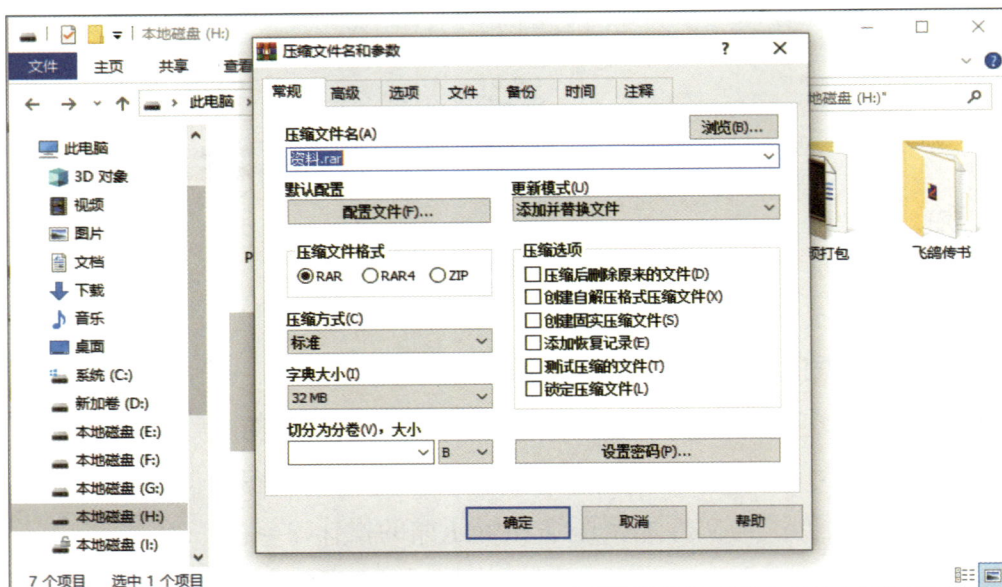

图3-23　"压缩文件名和参数"对话框

步骤3　保存压缩文件。 在"查找压缩文件"对话框中设置压缩文件的保存位置和名称后，单击"保存"按钮，如图3-24所示。

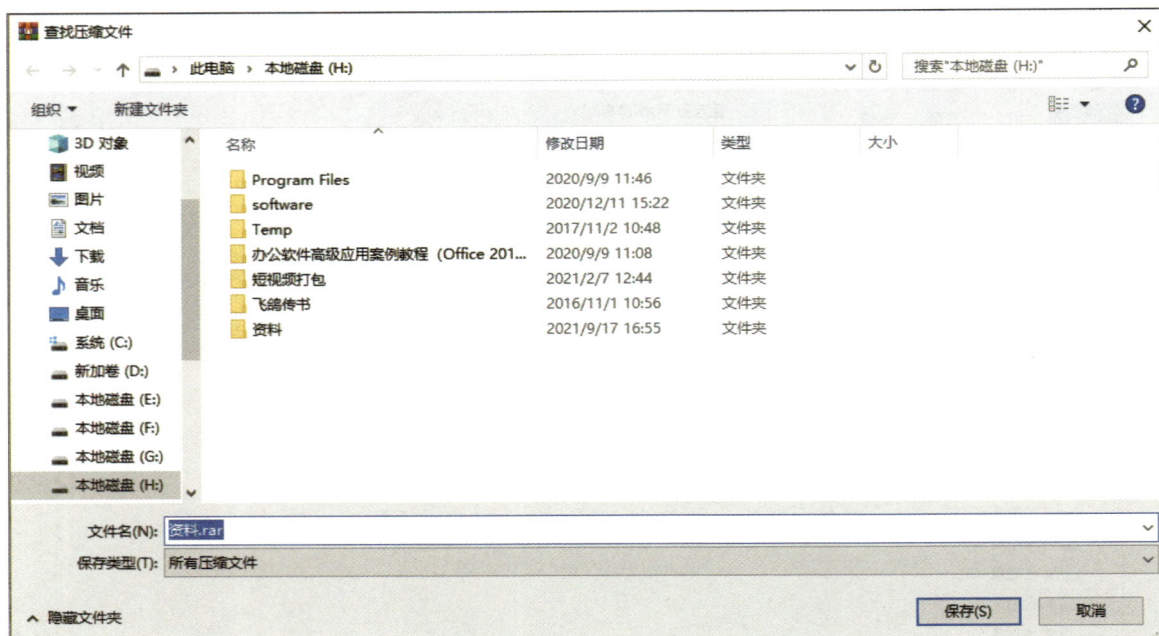

图3-24　设置保存位置和名称

步骤 4 设置压缩密码。 返回"压缩文件名和参数"对话框，单击"设置密码"按钮，打开"输入密码"对话框，在"输入密码"和"再次输入密码以确认"文本框中依次输入相同的压缩密码，单击"确定"按钮，如图 3-25 所示。

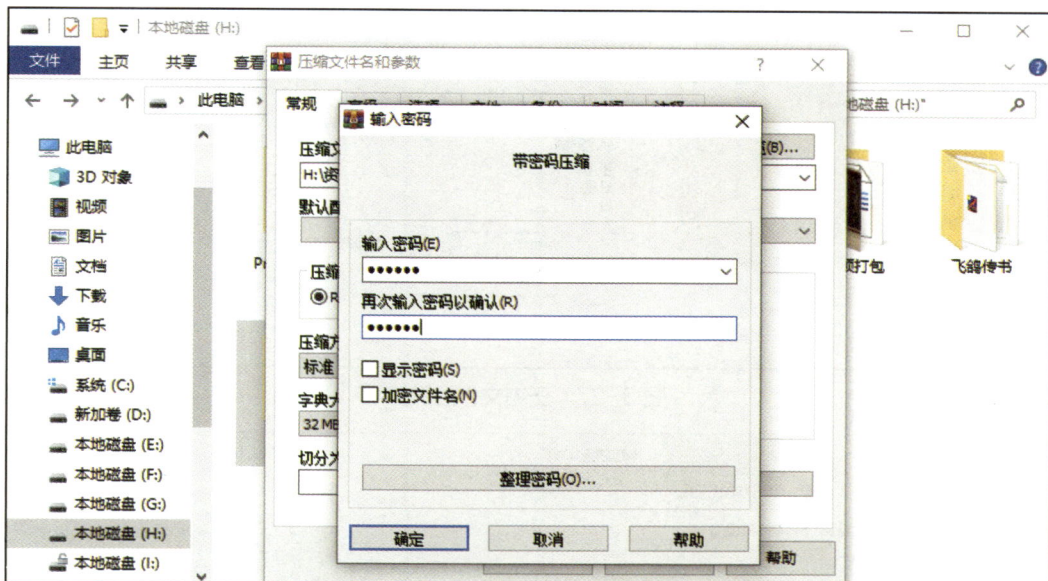

图 3-25 设置压缩密码

步骤 5 压缩后删除原文件。 进入"带密码压缩"对话框，在"压缩选项"栏中勾选"压缩后删除原来的文件"复选框，单击"确定"按钮，如图 3-26 所示。

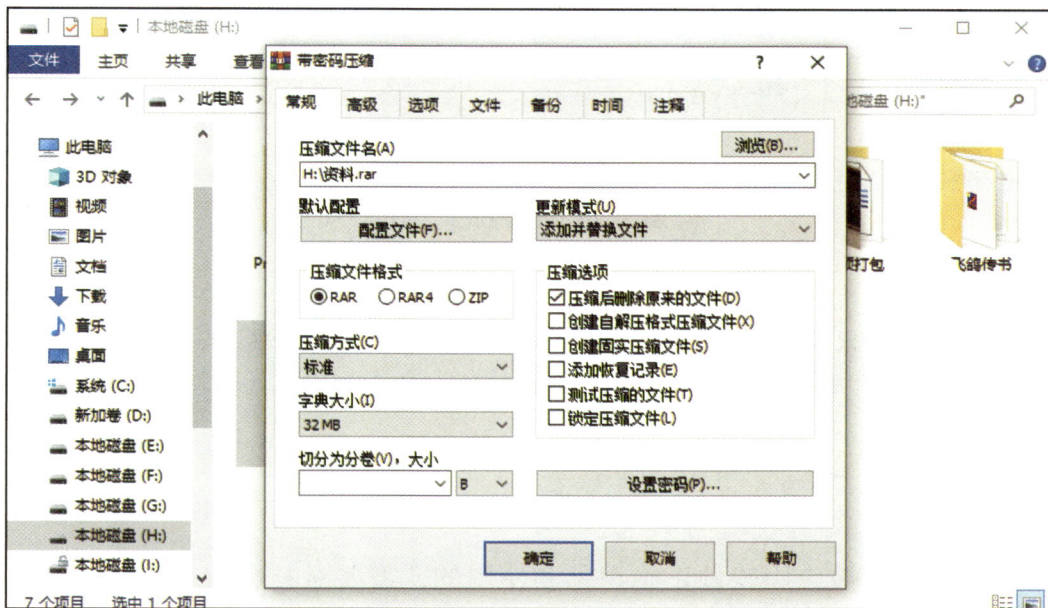

图 3-26 设置压缩后删除原来的文件

步骤 6 开始压缩。 此时 WinRAR 软件将开始压缩选择的对象，并显示压缩进度，如图 3-27 所示。

步骤 7 完成压缩。 压缩完成后，即可在指定的位置看到压缩文件，如图 3-28 所示。

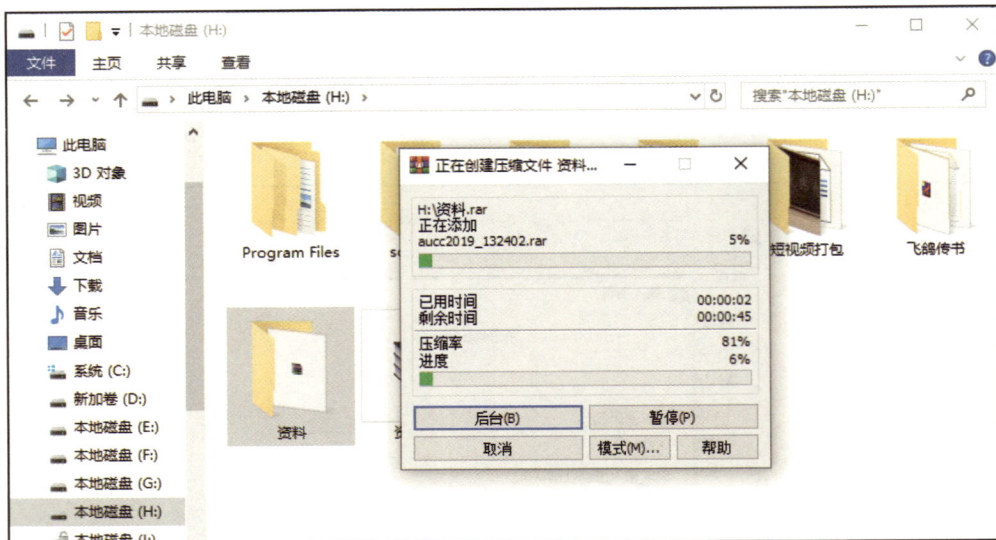

图 3-27　压缩文件的进度

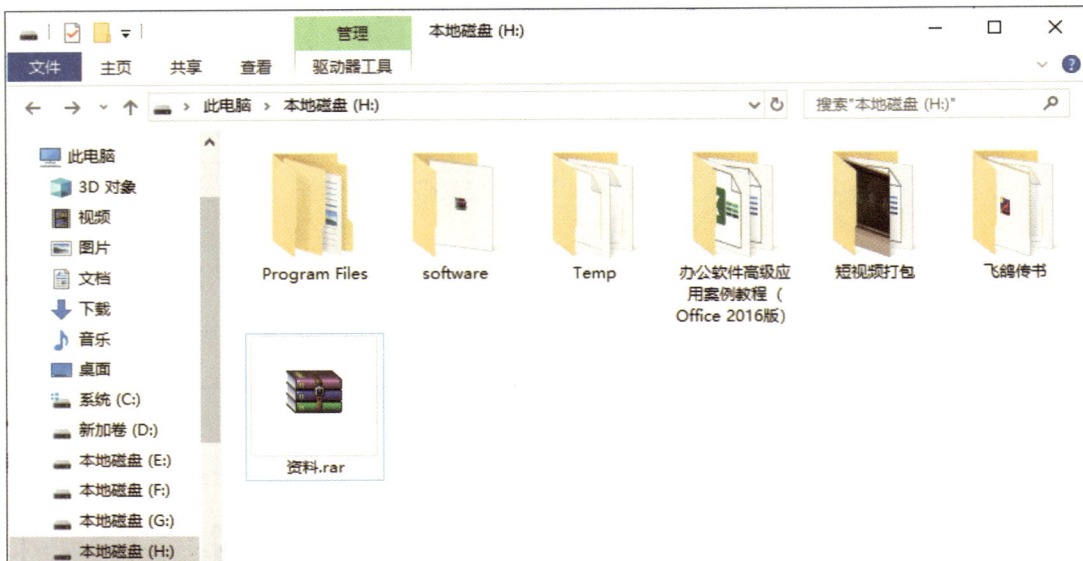

图 3-28　压缩完成的文件

资源链接　　WinRAR 软件还具有分卷压缩、修复损坏的压缩文件等高级应用。参见配套资源中的"电子活页"文档内容，详细了解具体的操作方法。

电子活页

WinRAR 软件的高级应用

（2）解压缩文件。

　　压缩文件是不能被应用软件正确识别和使用的，需要对其进行解压缩操作，将其"还原"为原来的文件，这个过程就叫作解压缩文件。下面介绍解压缩文件的方法，具体操作步骤如下。

微课视频

解压缩文件

　　步骤 1　选择需要解压缩的文件。打开计算机窗口，找到需解压缩的文件，在其上单击鼠标右键，在弹出的快捷菜单中选择"解压文件"选项，如图 3-29 所示。

图 3-29　解压文件

步骤 2　设置解压后的目标位置。在打开的"解压路径和选项"对话框右侧的列表框中选择文件解压后的目标位置，单击"确定"按钮，如图 3-30 所示。

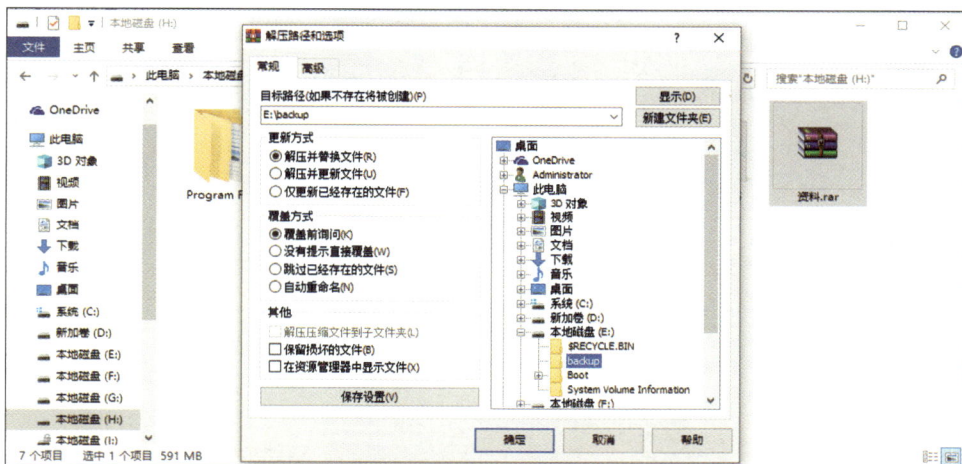

图 3-30　选择文件解压后的目标位置

步骤 3　输入解压密码。若该文件在压缩时设置了密码，则此时将打开"输入密码"对话框，在"输入密码"文本框中输入正确的密码后，单击"确定"按钮，如图 3-31 所示。

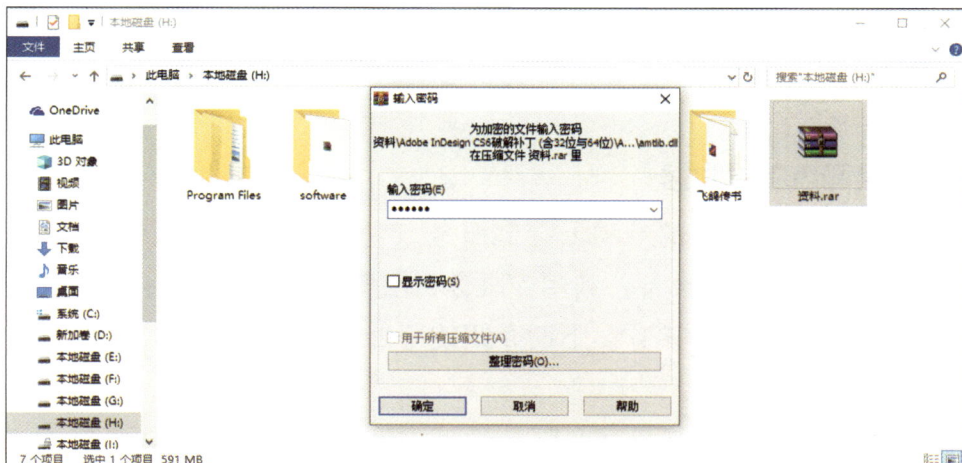

图 3-31　输入解压密码

步骤4　开始解压缩文件。WinRAR 软件开始解压缩文件，并显示解压缩文件的进度，如图 3-32 所示。

图 3-32　解压缩文件的进度

步骤5　完成解压缩操作。解压缩完成后，即可在指定的位置看到该文件，如图 3-33 所示。

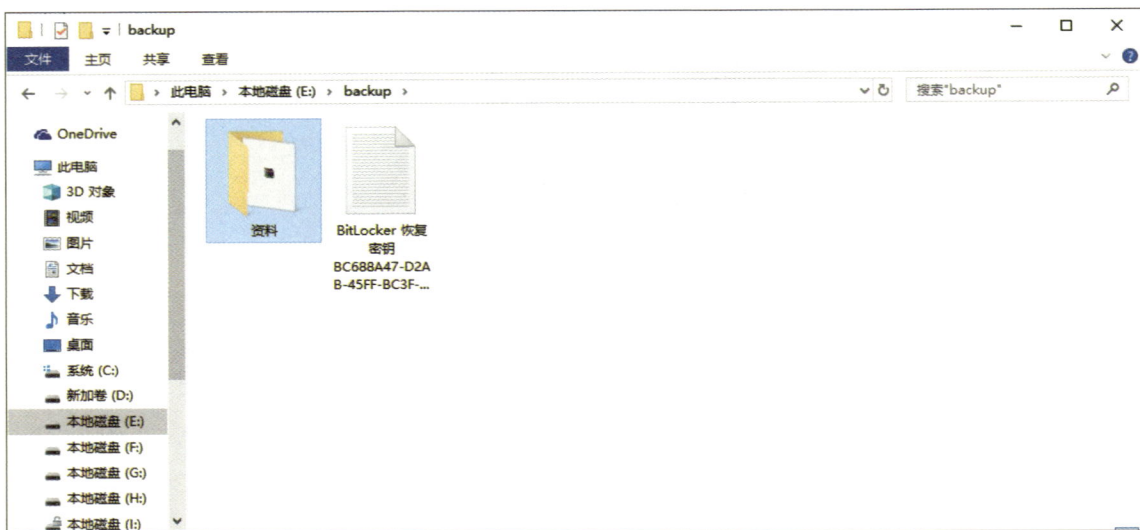

图 3-33　解压缩后的文件

10. 使用百度网盘备份数据

　　百度网盘是百度公司推出的一项云存储服务，它广泛覆盖了主流的计算机客户端和手机等移动端智能设备。利用该服务，用户可以轻松地将自己的文件上传到网盘，完成文件的备份工作。下面介绍使用百度网盘备份数据的方法，具体操作步骤如下。

　　步骤1　登录百度网盘。打开百度网盘的官方网站，下载并安装百度网盘的客户端。启动百度网盘，在打开的对话框中输入自己的百度账号和密码（若没有百度账号，可在当

微课视频

使用百度网盘
备份数据

前对话框下方单击"注册账号"链接，按提示注册一个百度账号），单击"登录"按钮，如图 3-34 所示。

步骤 2　验证身份。 打开"百度认证"对话框，在"验证方式"下拉列表中选择需要的方式，这里选择手机验证方式，单击"发送验证码"按钮，然后输入手机接收到的验证码，单击"确定"按钮，如图 3-35 所示。

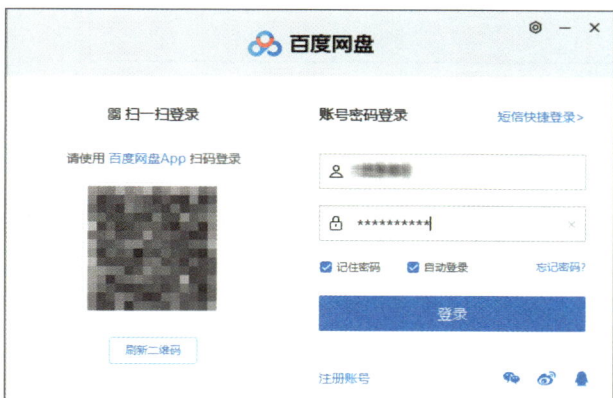

图 3-34　登录百度网盘

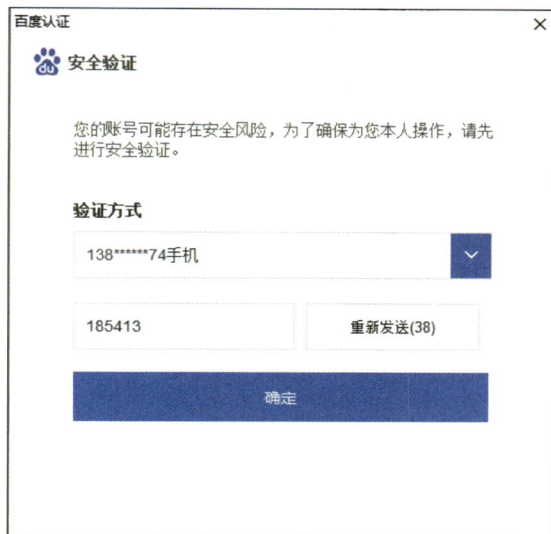

图 3-35　输入验证码

步骤 3　新建文件夹。 登录百度网盘后，单击窗口上方的"新建文件夹"按钮新建文件夹，以便更好地管理备份的资料，如图 3-36 所示。

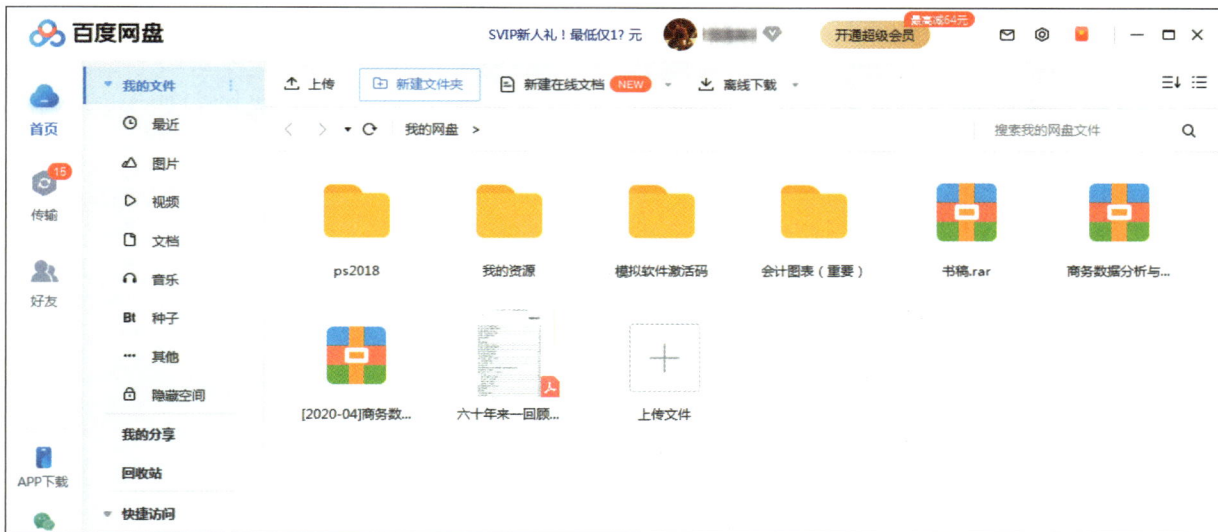

图 3-36　新建文件夹

步骤 4　命名文件夹。 将新建的文件夹的名称更改为"长期资料备份"，按【Enter】键确认操作，如图 3-37 所示。

步骤 5　准备上传文件。 双击新建的"长期资料备份"文件夹，单击窗口下方的"上传文件"按钮，如图 3-38 所示。

图 3-37　输入文件夹名称

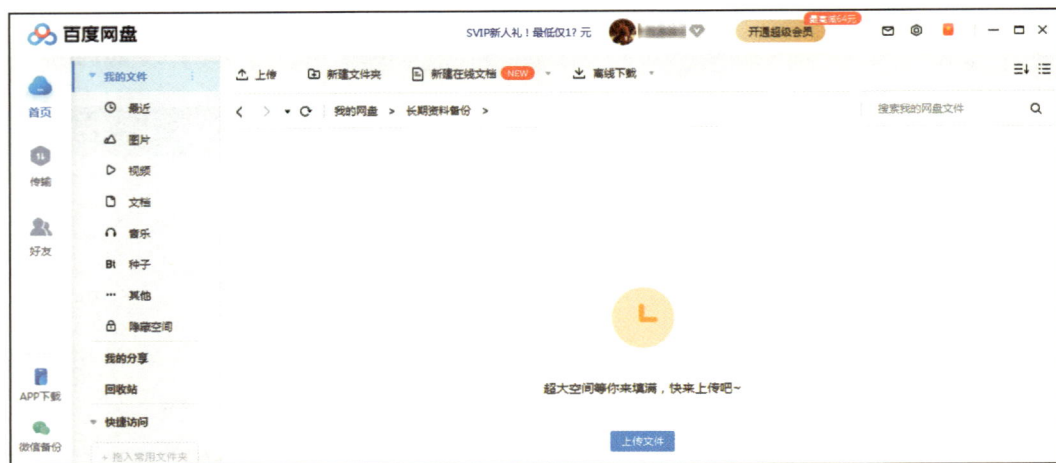

图 3-38　准备上传文件

步骤 6　选择文件。 在打开的"请选择文件 / 文件夹"对话框中选择需要上传备份的文件对象，单击"存入百度网盘"按钮，如图 3-39 所示。

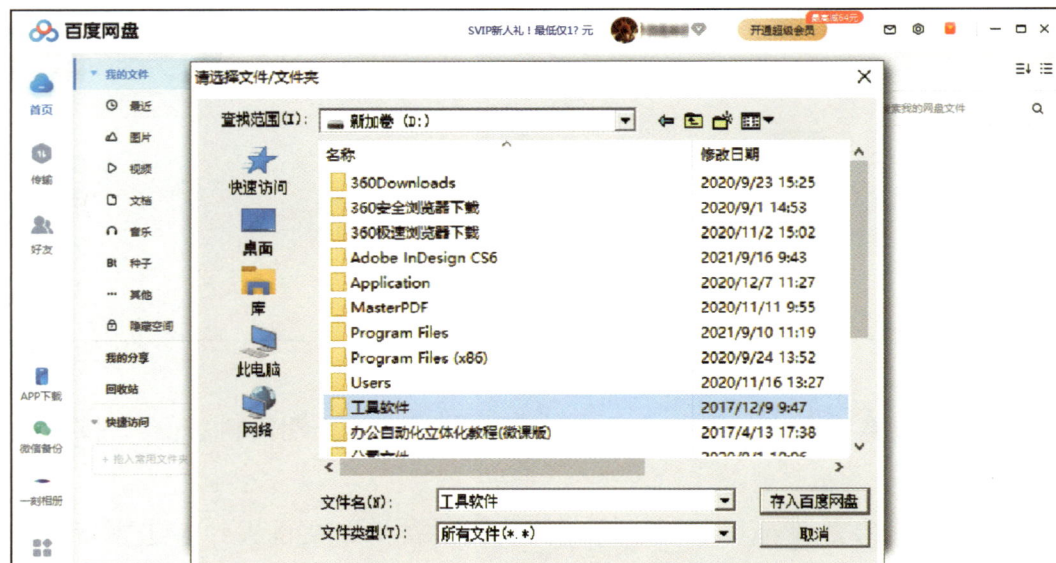

图 3-39　选择文件

步骤 7　上传文件。此时，百度网盘开始扫描待上传的文件，如果扫描通过，就开始上传文件，如图 3-40 所示。

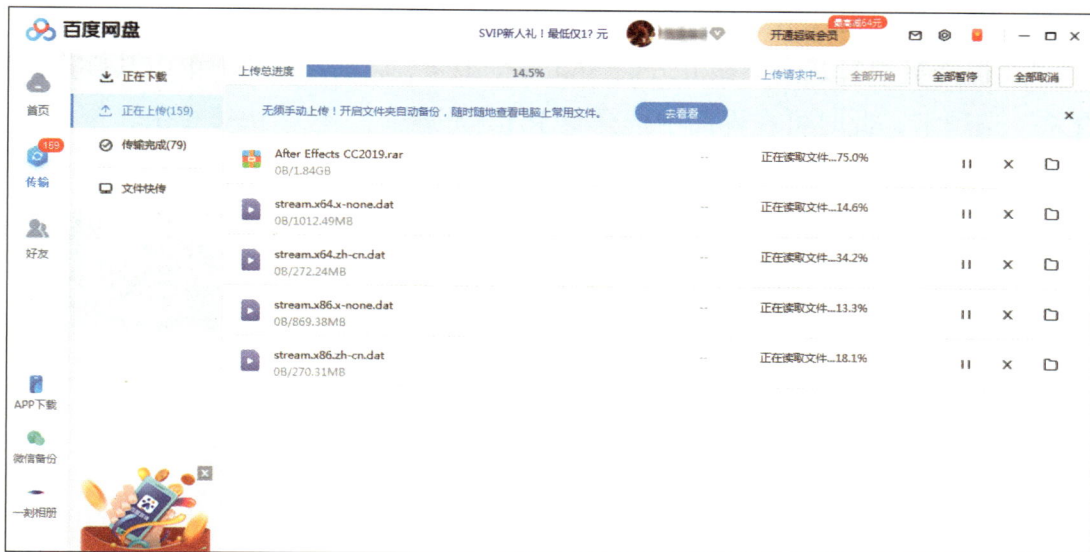

图 3-40　开始上传文件

当需要下载百度网盘中的资源时，可在"百度网盘"窗口的左上方选择"我的文件"选项，然后找到需要下载的资源，在其上单击鼠标右键，在弹出的快捷菜单中选择"下载"选项，打开"设置下载存储路径"对话框，在其中设置下载位置后单击"下载"按钮即可，如图 3-41 所示。

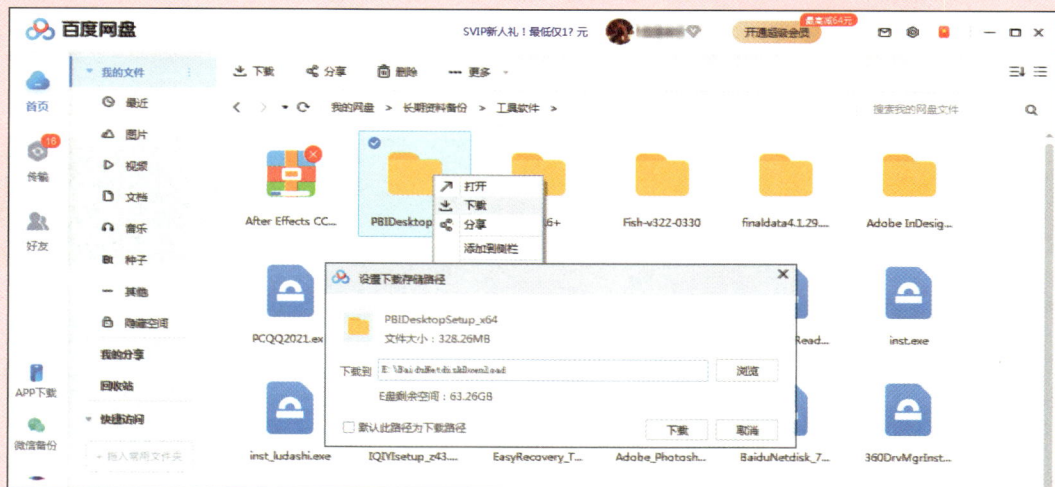

图 3-41　下载网盘中的资源

11. 使用 360 安全卫士查杀木马

木马是指隐藏在正常程序中的一段具有特殊功能的恶意代码，表面上看木马是无害的，甚至对一些没有警觉性的用户极具吸引力。然而，就是这些看似无害的代码，一旦在计算机上运行，就具备破坏和删除文件、发送密码、

微课视频

使用 360 安全卫士查杀木马

记录键盘操作，甚至格式化硬盘等破坏能力。

　　为了避免计算机上出现木马，就需要定期或不定期地利用相关软件对木马进行查杀。下面介绍使用 360 安全卫士查杀木马的方法，具体操作步骤如下。

　　步骤 1　选择查杀模式。下载并安装 360 安全卫士，启动该软件，单击其操作界面中的"木马查杀"选项卡，此时可在界面中选择查杀木马的模式，包括快速查杀、全盘查杀、按位置查杀等，这里直接单击"快速查杀"按钮，如图 3-42 所示。

图 3-42　选择查杀模式

　　步骤 2　扫描计算机系统。360 安全卫士将开始对计算机系统进行快速扫描，以便发现是否存在木马，如图 3-43 所示。

图 3-43　扫描计算机系统

　　步骤 3　处理木马。扫描完成后，360 安全卫士将可能是木马的对象显示出来，并给出相应的警告提示，方便用户选择执行哪种操作。这里直接单击"一键处理"按钮，如图 3-44 所示。

图 3-44　显示扫描到的木马对象

步骤 4　处理成功。处理完成后，360 安全卫士打开提示框，根据需要选择是否马上重启计算机，这里单击"好的，立刻重启"按钮，如图 3-45 所示。

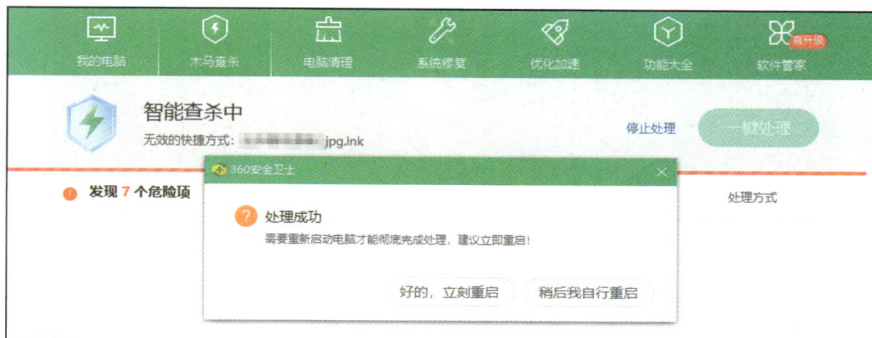

图 3-45　木马处理成功

步骤 5　完成操作。计算机重新启动后，360 安全卫士将提示木马已经处理完成，直接单击"完成"按钮即可，如图 3-46 所示。

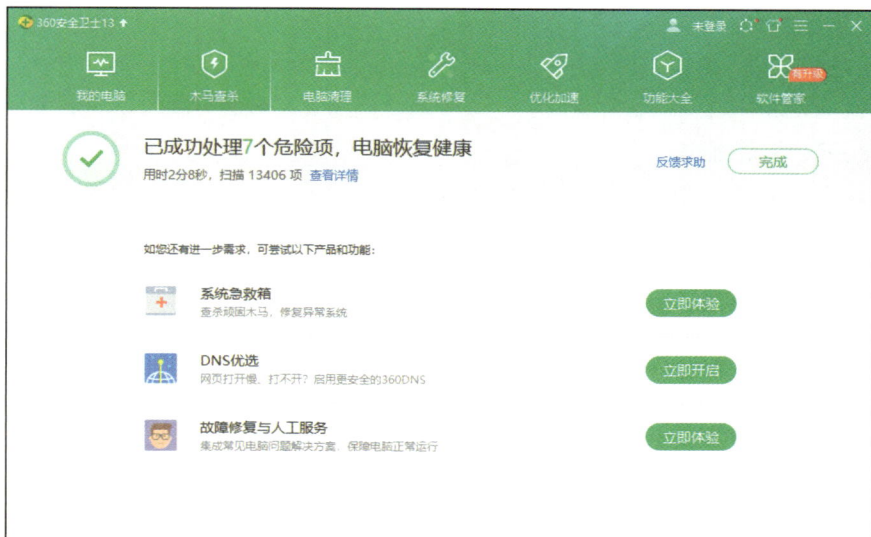

图 3-46　完成操作

12．使用瑞星杀毒软件查杀病毒

计算机病毒是指在计算机程序中插入的破坏计算机功能或毁坏数据，进而影响计算机的正常使用，并能自我复制的一组计算机指令或程序代码。计算机病毒能寄生在系统的启动区、设备的驱动程序、操作系统的可执行文件，甚至任何应用程序上。

微课视频

使用瑞星杀毒
软件查杀病毒

杀毒软件是一种反病毒软件，主要用于对计算机中的病毒进行扫描和消除，可以防止病毒入侵计算机、查杀病毒等，能够对信息系统起到有效的保护作用。下面使用瑞星杀毒软件来查杀病毒，具体操作步骤如下。

步骤 1　选择查杀模式。下载并安装瑞星杀毒软件，启动该软件，可以在打开的界面中选择病毒的查杀模式，包括快速查杀、全盘查杀、自定义查杀，与查杀木马的几种模式类似，这里单击"自定义查杀"图标，如图 3-47 所示。

图 3-47　选择查杀模式

> 💬 **提示**　　查杀病毒时，推荐选择"全盘查杀"模式，使用该模式可以对信息系统进行彻底、完整的扫描和查杀病毒操作，这样可以消灭所有的病毒。如果觉得全盘查杀的时间过长，而当前并没有条件进行全盘查杀操作，则可以进行自定义查杀，选择重点区域，有针对性地进行扫描和杀毒操作。

步骤 2　设置查杀目标位置。在打开的"选择查杀目录"对话框中，在需要查杀的位置勾选对应的复选框，单击"开始扫描"按钮，如图 3-48 所示。

步骤 3　升级病毒库。"瑞星扫描提示"对话框提示当前病毒库还需要升级更新，以确保能够查杀最新的计算机病毒，因此这里单击"立即更新"按钮升级病毒库，如图 3-49 所示。

> 💬 **提示**　　查杀病毒时，信息系统需要具备上网功能，这样病毒库才能自动与网络中相关软件的病毒库对比，当发现需要升级时，就能自动升级到最新病毒库。

图 3-48 设置查杀目标位置

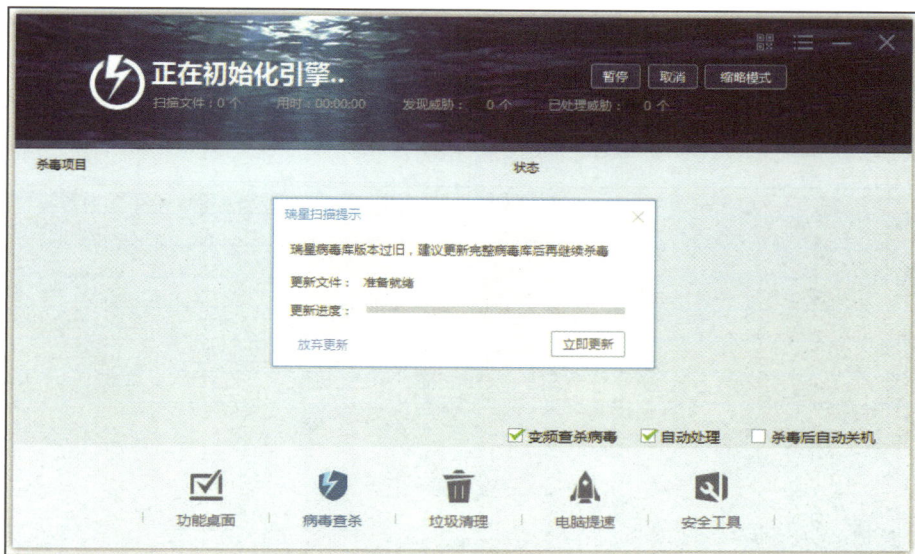

图 3-49 升级病毒库

步骤 4 开始扫描。当病毒库升级更新完毕后，瑞星杀毒软件将自动开始按照选择的模式扫描病毒，并将在窗口右上方显示扫描到的威胁数量，如图 3-50 所示。

图 3-50 扫描病毒

步骤 5　查看查杀结果。 由于在扫描病毒的界面中默认勾选了"自动处理"复选框，因此单击右上方的"发现威胁"链接后，界面中将显示病毒文件的路径、病毒名、处理结果等内容，如图 3-51 所示。

图 3-51　查杀结果

步骤 6　完成查杀操作。 瑞星杀毒软件将继续扫描并查杀病毒，完成查杀操作后，结果如图 3-52 所示。

图 3-52　完成查杀操作

小组交流

（1）分组讨论信息系统应该如何部署行之有效的安全管理措施。

（2）以小组为单位，说说如何在技术方面为信息系统部署安全措施。

课堂笔记

任务 3 查找并封堵信息安全漏洞

漏洞是受限制的计算机组件、应用程序或其他联机资源留下的不受保护的入口点，其产生的原因可能是软硬件存在缺陷，也可能是网络系统、协议的设计不完善等，这就给黑客提供了在未授权的情况下利用漏洞攻击系统的机会。

资源链接　黑客通常指利用系统安全漏洞对网络进行攻击、破坏或窃取资料的人。黑客一般都精通各种编程语言和各类操作系统，拥有熟练的信息技术操作能力。参见配套资源中的"电子活页"文档内容，可详细了解黑客的攻击方式和防范黑客的方法。

电子活页

黑客

因此，为了避免黑客利用各种漏洞入侵计算机，我们就应该不定期地对信息系统进行检测，查找并及时封堵信息安全漏洞。下面介绍使用 360 安全卫士查找并封堵信息安全漏洞的方法，具体操作步骤如下。

微课视频

查找并封堵信息安全漏洞

步骤 1　选择系统修复的模式。启动 360 安全卫士软件，打开其操作界面，单击上方的"系统修复"选项卡，在显示的界面中选择系统修复的模式，这里单击 漏洞修复 按钮，如图 3-53 所示。

图 3-53　选择系统修复的模式

步骤 2　开始扫描漏洞。360 安全卫士软件将开始全面地扫描系统的漏洞，如图 3-54 所示。

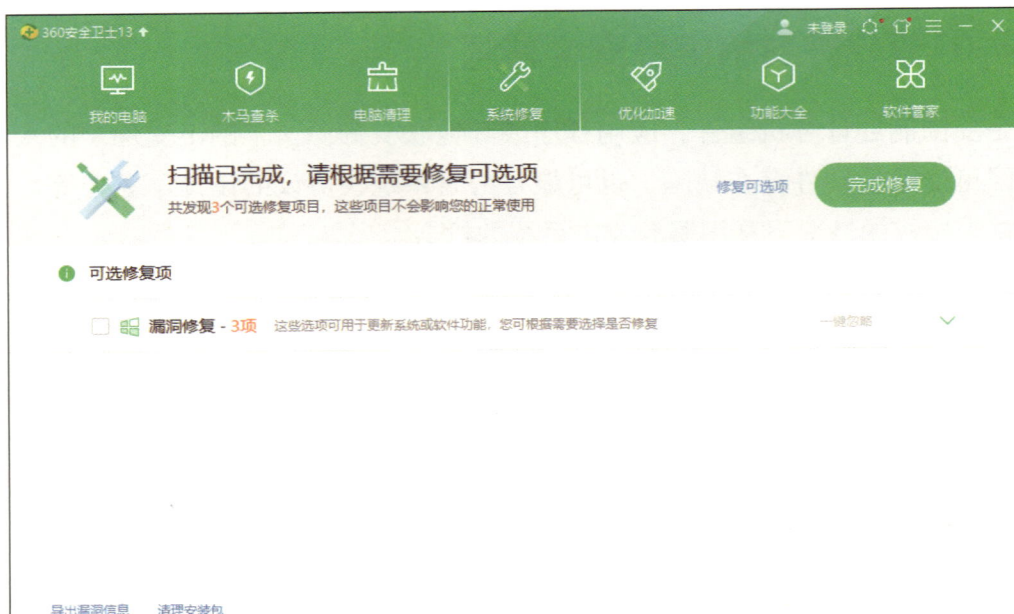

图 3-54　扫描漏洞

步骤 3　修复漏洞。扫描结束后，界面中将显示所有可以修复的漏洞，勾选需要修复的漏洞选项左侧的复选框，单击"一键修复"按钮，如图 3-55 所示。

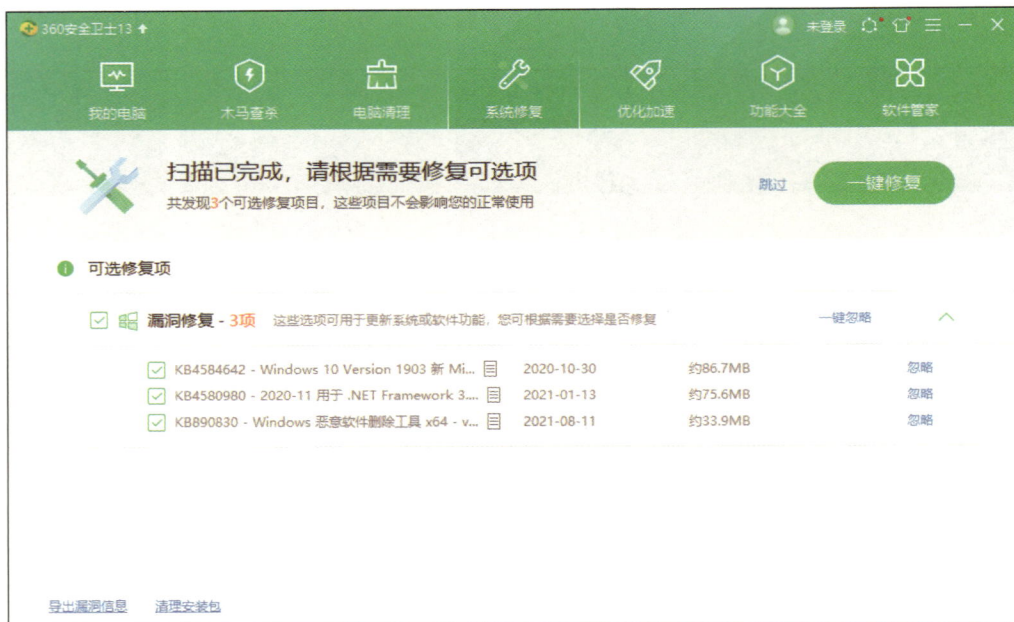

图 3-55　一键修复漏洞

步骤 4　开始修复。360 安全卫士开始下载漏洞的补丁程序，并显示下载进度，下载完一个漏洞的补丁程序后，360 安全卫士将安装下载的补丁程序，然后继续下载下一个漏洞的补丁程序，如图 3-56 所示。补丁程序安装成功后，对应漏洞选项的"状态"栏将从"等待修复"更改为"已修复"。

步骤 5　完成修复。全部漏洞修复完成后，将显示修复结果，单击 一键修复 按钮返回操作界面。

图 3-56　逐一修复漏洞

小组
交流

分析漏洞对信息系统可能造成什么影响，应该如何进行修复操作。

课堂笔记

任务 4 测试信息安全的可靠性

互联网时代，人们在生活、学习、工作中都会使用各种终端设备与互联网进行信息的交换，如生活中进行网购、学习中进行在线学习、工作中查询各种资料等。这就使得信息安全变得十分重要。

本任务将使用 Wireshark 对信息安全的可靠性进行测试，该软件是一个网络封包分析软件，可以用于检测网络中数据传输的各种问题，以测试信息安全性，具体操作步骤如下。

步骤 1 选择捕获数据的接口。下载并安装 Wireshark，启动该软件，在打开的窗口中双击需要捕获数据的某个接口，这里双击"以太网"接口，如图 3-57 所示。

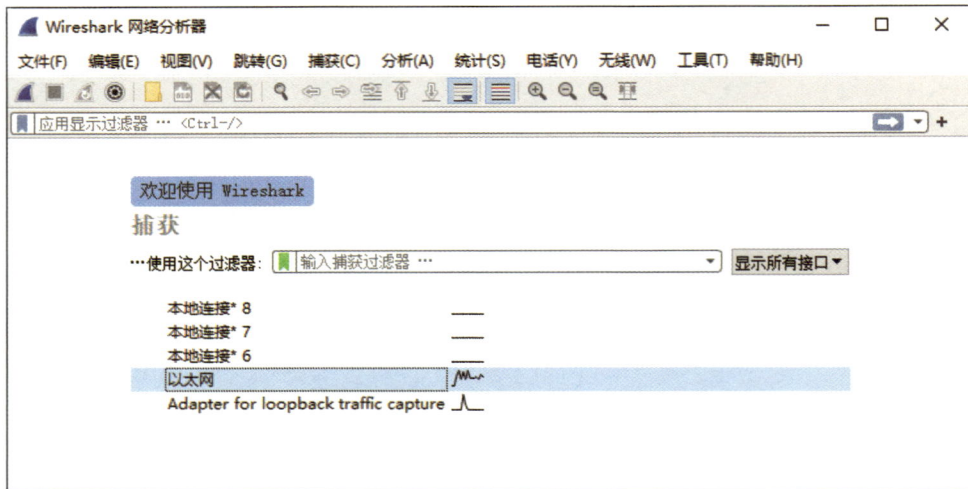

图 3-57 选择捕获数据的接口

步骤 2 捕获数据。Wireshark 开始捕获本地计算机发送和接收的数据，窗口上方将显示每一条数据捕获的时间、数据来源和目标 IP 地址等，窗口中央将显示更加详细的信息，窗口下方将显示十六进制和 ASCII 的数据内容，如图 3-58 所示。

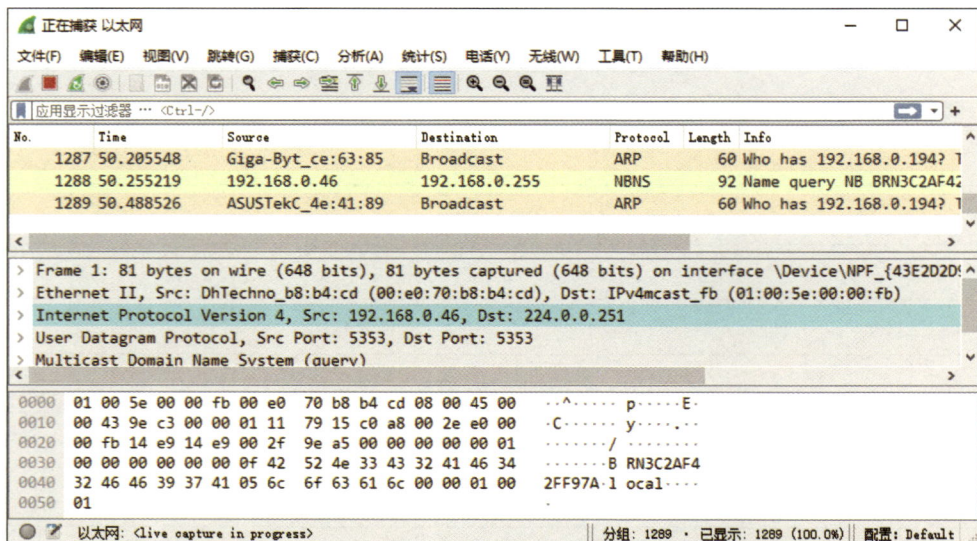

图 3-58 捕获数据

步骤3 过滤数据。若想仅捕获需要的数据,则可在窗口上方的文本框中输入过滤条件。例如,输入"HTTP"后按【Enter】键,Wireshark 将只捕获 HTTP 报文,如图3-59 所示。

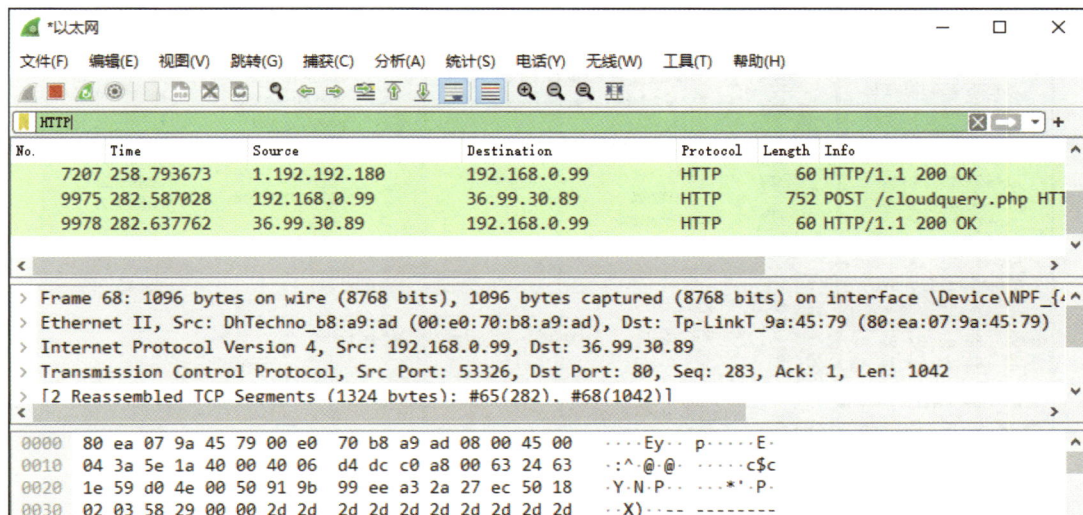

图 3-59 过滤数据

步骤4 分析数据。Wireshark 会将捕获到的数据以不同的颜色显示,如绿色的数据是 TCP 报文,深蓝色的数据是 DNS 报文等,需要注意的是黑色和红色的数据,其中黑色代表报文错误,红色代表报文异常,对这些颜色的数据进行分析,就能找到系统错误和异常的原因,如图3-60 所示。

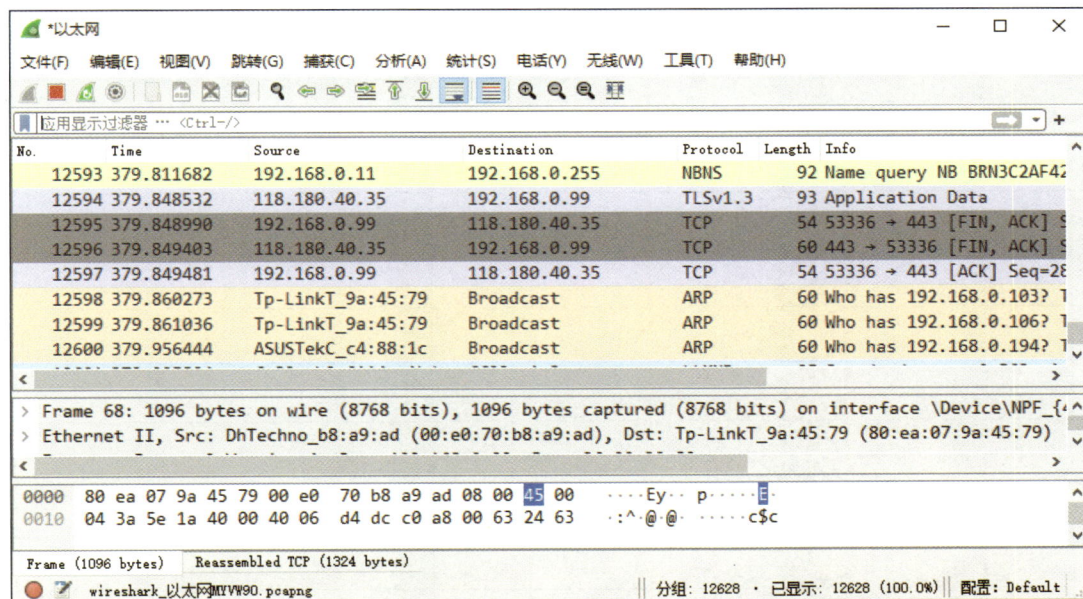

图 3-60 分析数据

步骤5 保存数据。单击工具栏中的"停止捕获分组"按钮■将停止捕获数据,单击"开始捕获分组"按钮◢可以开始捕获数据。若要保存捕获的数据,可选择"文件"/"保存"选项或直接按【Ctrl+S】组合键,在打开的"Wireshark·保存捕获文件为"对话框中设置文件保存的位置和名称,单击"保存"按钮即可,如图3-61 所示。

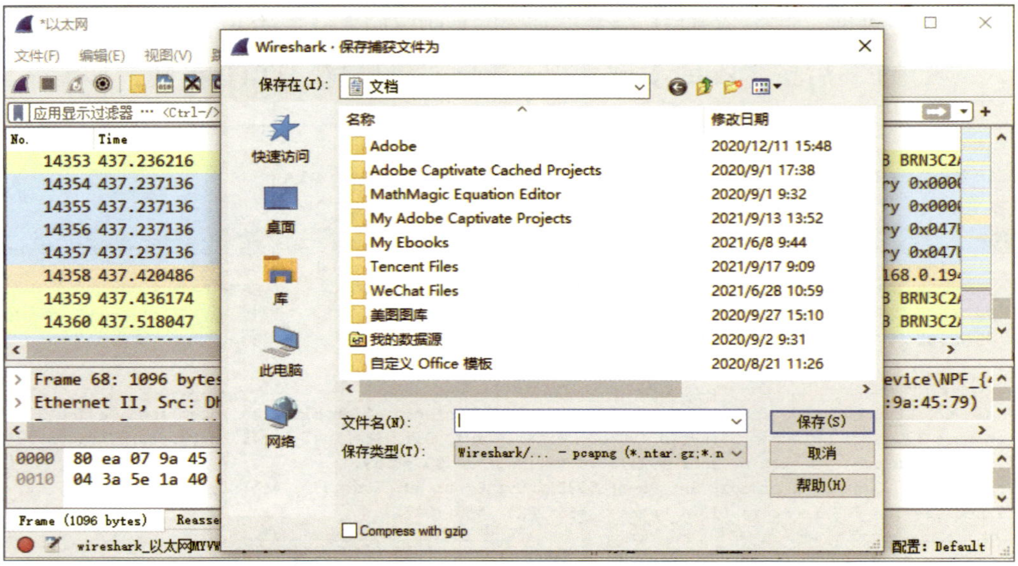

图 3-61　保存数据

任务 5 评定信息安全等级

信息安全等级的评定可以参考不同的标准。通过评级操作，我们能直观地了解到信息系统的安全情况，可以更有针对性地制订安全方案和部署安全措施。就我国而言，信息安全等级一般可以依据国内和国际上最常用的两种标准来评定。

1. 可信计算机系统评价标准

国际上的信息系统安全分级标准一般依据的是"可信计算机系统评价标准"（Trusted Computer System Evaluation Criteria，TCSEC），通常称为"橘皮书"，该标准按计算机系统的安全性能由高到低划分为 A、B、C、D 四大等级，其中 B 级和 C 级又分别划分为 3 个和两个等级，具体如表 3-4 所示。

表3-4 TCSEC的安全等级

安全等级		功能描述
D	D1（最低保护级）	用户无须通过账户和密码登录系统，任何人都可随意使用系统中的信息，整个系统是不可信任的，软件、硬件都容易遭受非法侵袭
C	C1（自主安全保护级）	用户必须通过登录认证才能进入并使用系统，同时系统建立了访问许可权限机制
	C2（受控存取保护级）	用户执行某些命令或访问某些文件的权限被限制，并加入了身份证认证级别
B	B1（标记安全保护级）	对网络上的每个对象都可实施保护，对网络、应用程序、工作站可以分别实施不同的安全策略，用户必须在访问控制之下操作，不允许系统管理员自己改变所属资源的权限
	B2（结构化保护级）	对网络和计算机系统中的所有对象都进行定义并赋予相应的标签，为工作站、终端等设备分配不同的安全级别，按最小特权原则取消权力无限大的特权用户
	B3（安全域保护级）	要求用户的工作站或终端必须通过信任的途径连接到网络系统内部主机上，并采用硬件来保护系统的数据存储区。根据最小特权原则，增加了系统安全员，将系统管理员、系统操作员和系统安全员的职责分离，将人为因素对计算机安全的威胁减至最小
A	A1（验证设计保护级）	包括了以上各级别的所有措施，并附加了一个安全系统的受监视设计，即合格者必须经过分析并通过这一设计才能使用系统。所有构成系统的部件的来源都必须有安全保证。同时还规定了将安全的计算机系统运送到现场安装所必须遵守的程序

2. 信息安全技术网络安全保护等级

信息安全技术网络安全保护等级的保护对象主要包括信息系统、通信网络设施和数据源等。该标准将等级保护对象的安全保护等级分为 5 级，如表 3-5 所示。

表3-5   等级保护对象的安全保护等级

保护等级	相关公民、法人和其他组织的合法权益	社会秩序、公共利益	国家安全
第一级	损害	否	否
第二级	严重损害或特别严重损害	危害	否
第三级	—	严重危害	危害
第四级	—	特别严重危害	严重危害
第五级	—	—	特别严重危害

具体来说，当受侵害的客体、业务信息安全被破坏，以及系统服务安全被破坏时，其侵害程度对应的安全保护等级关系如表 3-6 所示。

表3-6   客体、业务信息安全、系统服务安全受侵害时被侵害程度与安全保护等级的关系

受侵害的客体	对客体的侵害程度		
	一般损害	严重损害	特别严重损害
公民、法人和其他组织的合法权益	第一级	第二级	第二级
社会秩序、公共利益	第二级	第三级	第四级
国家安全	第三级	第四级	第五级

小组交流　　分组讨论 TCSEC 标准与信息安全技术网络安全保护等级对安全等级评定的侧重点有何不同。

课堂笔记

_____

_____

_____

_____

_____

🕐 课后思考

班级：_____ 姓名：_____ 成绩：_____

思考题 1

互联网时代，公民的个人信息泄露问题日益严重，为保护公民个人信息权益，《中华人民共和国个人信息保护法》自 2021 年 11 月 1 日起正式施行。请在互联网中搜索《中华人民共和国个人信息保护法》，了解这部法律的主旨和亮点，讨论该法律的实施将会对个人学习和生活带来怎样的影响。

_____

_____

_____

_____

思考题 2

随着互联网的发展，各种智能化产品逐渐进入人们的生活，在为人们的生活带来舒适、便利的同时，也带来了一些安全问题，如个人隐私泄露、智能产品被非法入侵等，我们应怎样提高信息安全意识并解决这些问题？

_____

_____

_____

_____

⚙ 拓展训练　信息系统安全措施部署

1. 训练任务

要求： 以小组为单位，通过制订合理的安全管理规定，并在信息系统上部署相应的安全措施，来有效地对信息进行保护。完成任务后，每个小组需推选出一个代表，阐述该小组部署的信息系统安全措施的具体情况。

2. 训练安排

要求： 在小组之间组织一场信息安全保护竞赛，各组推选出小组组长和小组代表。组长负责竞赛的任务安排，代表负责任务总结。学生可自由分组，并按实际情况填写以下内容。

小组人数：＿＿＿＿人　　小组组长：＿＿＿＿＿＿　　小组成员：＿＿＿＿＿＿＿＿＿

工作分配：＿＿＿＿＿＿＿＿＿＿＿＿＿＿＿＿＿＿＿＿＿＿＿＿＿＿＿＿＿＿＿＿＿

3. 训练评价

序号	评分内容	总分	得分
1	信息系统安全管理规定是否合理有效	10	
2	防火墙是否开启	10	
3	重要数据是否存放在指定磁盘中，该磁盘是否加密	5	
4	重要文件和文件夹是否压缩并进行了加密处理	5	
5	重要资料是否存放到网盘进行了备份	10	
6	计算机系统是否能够有效防止木马入侵	10	
7	是否对计算机系统进行过木马查杀的操作	15	
8	计算机系统是否能够有效防止病毒入侵	10	
9	是否对计算机进行过病毒查杀的操作	15	
10	计算机系统是否存在漏洞	10	
	总分	100	

教师评语：